本书受华南师范大学高水平大学建设文史学科群项目经费资助

审美文化视野与批评重构：中国当代美学的话语转型

段吉方◎著

中国社会科学出版社

图书在版编目(CIP)数据

审美文化视野与批评重构:中国当代美学的话语转型/段吉方著.
—北京:中国社会科学出版社,2016.7
ISBN 978-7-5161-8596-4

Ⅰ.①审… Ⅱ.①段… Ⅲ.①审美文化—研究—中国—现代
Ⅳ.①B83-092

中国版本图书馆CIP数据核字(2016)第170173号

出 版 人 赵剑英
选题策划 郭晓鸿
责任编辑 武兴芳
责任校对 季 静
责任印制 戴 宽

出 版 中国社会科学出版社
社 址 北京鼓楼西大街甲158号
邮 编 100720
网 址 http://www.csspw.cn
发 行 部 010-84083685
门 市 部 010-84029450
经 销 新华书店及其他书店

印 刷 北京君升印刷有限公司
装 订 廊坊市广阳区广增装订厂
版 次 2016年7月第1版
印 次 2016年7月第1次印刷

开 本 710×1000 1/16
印 张 14.5
插 页 2
字 数 221千字
定 价 56.00元

凡购买中国社会科学出版社图书,如有质量问题请与本社营销中心联系调换
电话:010-84083683

目　录

绪　论

文化、审美与意义超越：美学话语的当代转型

20世纪以来，现代审美理论发生了巨大的变化，出现了从本质论美学、认识论美学向存在论美学、语言论美学、文化论美学转型的趋势，并出现了形式主义、精神分析、结构主义、存在主义、现象学、解释学、女性主义、新历史主义、解构主义、后现代主义等众多的美学理论流派，美学思想的争鸣、对话甚至理论对抗的声音非常明显。这些新的理论思潮极大地拓展了当代美学的问题域，并对当代美学发展与批评理论的更新起到了非常重要的作用。从20世纪90年代开始，在审美文化研究等美学研究热潮的影响下，中国当代美学也在不断更新理论话语，不断吸收新兴文化崛起中的审美经验，中国当代美学也共同经历了美学话语的现代转型及其话语突变的过程，而且，随着社会文化语境的突变，这种理论话语转型的趋势越来越明显，成了当下美学研究无法回避的问题。

德国学者沃尔夫冈·韦尔施在他的《重构美学》中，将现代美学话语转型所呈现出来的新的美学发展态势称为"美学的新图景"，所谓"美学的新图景"指的就是对当代审美化过程突变的表述，包括"从个人风格、都市规划和经济一直延伸到理论"①。加拿大学者埃克伯特·法阿斯在他的《美学谱系学》中则将现代审美理论的突变定位在"后现代对审美理

① ［德］沃尔夫冈·韦尔施：《重构美学》，陆扬、张岩冰译，上海世纪出版集团2006年版，第3页。

想的复兴”[①]。实际上，从审美话语诞生以来，美学话语的转型就不断发生，从柏拉图到康德、黑格尔、尼采、马克思以及现代美学视野中为数众多的理论家，美学理论的每一次发展都伴随着话语方式的变革，只不过，这个变革更多地体现在理论思辨的层面及其理论思想的更新发展方面，并未涉及现代性以及后现代性社会发展所导致的文化领域的变化及其审美研究方向调整的方面。伊格尔顿在他的《审美意识形态》中指出，在资本主义崛起之前，“哲学的三个伟大问题——我们能够认识什么？我们应该做些什么？我们被什么东西所吸引——相互之间尚未完全区分开来。也就是说，这个社会的三个重大领域：认识、伦理—政治以及力比多—审美领域之间，仍然广泛地相互缠结着”[②]。但是，随着后现代主义文化的来临，所有这一切都发生了变化，“蛇钻进了伊甸园，中产阶级开始兴起；思想和感觉相分离，以至人们不再从它们的范围之外来思考问题；历史开始走向了乔治·布什的漫长跋涉”[③]。伊格尔顿从资本主义社会发展的角度看待美学话语的转型，采取的是马克思主义的视角。哈贝马斯大概出于和伊格尔顿类似的立场触及了当代美学的话语转型，他把美学上现代审美意识的发展转型过程看作是一个文化现象。哈贝马斯认为，现代文化的基本特征是文化的相对独立和自律，它在美学上的表征就是“认识——工具结构，道德——实践结构以及审美——表现结构”[④]的三分天下。哈贝马斯向我们指出，在现代社会进程中，随着社会现代化程度的不断加剧，文化的分化与去分化的趋势日益明显，审美领域也不断地从传统的宗教和形而上学中分离出来，从而导致了美学话语存在方式与表达方式的变化。可以说，对美学话语的转型，不同的学者从不同的理论视角出发，观点各异。美学话语的转型怎么转？转向哪里？这些问题更是仁者见仁，智者见智。但整体来看，所谓美学话语的转型首先是现代性社会语境变化影响的结果，

① ［加］埃克伯特·法阿斯：《美学谱系学》，阎嘉译，商务印书馆2011年版，第530页。

② ［英］伊格尔顿：《美学意识形态》，王杰等译，广西师范大学出版社2001年版，第371页。

③ 同上书，第372页。

④ ［德］哈贝马斯：《论现代性》，见王岳川编《后现代主义文化与美学》，北京大学出版社1992年版，第16页。

其次是美学理论形态及其话语表达方式变化的表现。在这两种转型内涵中离不开文化语境和理论变革两方面因素的作用，有的时候，这两种因素甚至也是叠加的，而且，最终的呈现方式仍然是在理论变革的层面上的。

通俗地说，所谓美学理论变革也就是观念与思想之争，正像伊格尔顿认为的那样，在后现代主义文化中，“艺术本身成为一种不断边缘化的探索，但美学却不是”①。美学话语之所以存在转型，其实也是美学观念和美学思想的更替发展。在这个过程中，经过一个较长时间的沉淀凝练过程，美学话语转型是可以在美学观念上出现端倪的，其中最重要的理论焦点就是美学研究中的本质主义与反本质主义的问题。从西方美学史的视野来看，自从西方美学“泰斗”柏拉图在两千多年前深深地追问“美是什么”之后，西方美学便从此走上了一条关于“意义”与“本质”的艰难探索之路。作为对后来者的馈赠，柏拉图以及他的追随者们对美学意义本体一往情深地缔造了一种美学研究的最初格局，那就是“从爱琴海出发”的“思辨之舟”。② 这种形而上的哲学方法逐渐渗透到了美学的整个理论体系，并最终在本体层面上形成一种逻辑性的思维建构。在英国学者波普尔将这种建构思维命名为“本质主义”的时候，这种旨在事物的真正本性上做文章，对个别事物背后的实在和本质垂青有加的思维模式其实已在西方古典美学的研究历程中根深蒂固，以至于使西方古典美学在某种意义上成了“关于美的定义之学”③。

实践证明，柏拉图以后的许多美学研究后来者并没有因为他的那句“美是难的”而退却，而是像柏拉图当初承续他的先前者未竟的事业一样对美的意义与本质一如既往地投以热情。毫无疑问，这种追问与探索对审美理论研究与拓展的启示是巨大的。因为对美本身问题的思索也往往决定着美学领域其他问题的产生，“这些问题将会一代又一代被人们所探讨，被人们所阐释”④。在美学研究的历史上，人们也曾在这种逻辑建

① ［英］伊格尔顿：《美学意识形态》，王杰等译，广西师范大学出版社 2001 年版，第 373 页。

② 徐岱：《美学新概念》，学林出版社 2001 年版，第 288 页。

③ 同上书，第 285 页。

④ 叶朗：《现代美学体系》，北京大学出版社 1999 年版，第 18 页。

构的过程中收益良多，因为正像梯利所说的那样："要圆满地解答人生、人类认识、人类行为和人类制度等意义的问题，有赖于解答一般的实在的意义问题。"① 所以就在一代一代人苦苦思索"美"究竟为何物的过程中，其实人们是在像康定斯基所说的精神生活中把自身引向了一条探究自我本性理想之境的文化征途。美学本身具有的人文品格也由此生发出来。

在具有摧枯拉朽般气势的"语言学转向"发生之前，由柏拉图所开创的本体论美学事业一直是十分火爆的，而与美学本体论研究有着唇齿相依般亲和关系的美学思辨思维也一直在美学研究领域十分畅销。但进入20世纪以来，随着"语言学转向"对"逻各斯中心主义"的边缘肢解，一直支撑着美学本体论的"意义"与"本质"的言语逻辑遭到了无情的拆解，特别是在利奥塔高声宣告"宏大叙事已经不复存在"之后，从柏拉图时代延续而下的古典美学正面临着遭受全面解构的危机。这对古典美学的打击是巨大的。反本质主义已经全面启动了对本体论美学的挑战，特别是当一直被传统美学视为美学研究的逻辑起源和价值支点的"意义本体"被"分析哲学"以一种类似游戏的手法否定之后，古典哲学美学无疑将承受曲高和寡的尴尬。

"反本质主义"正是以这种"破坏者"的角色出现在现代美学发展史上的。在它的视野中，柏拉图所说的"美"是一个无法用语言完全描述的对象，而"反本质主义"恰恰认为凡是不能用语言描述的对象都是无意义的，因此像所谓美的"意义"与"本质"之类的争论只能导致肤浅的不切实际的结论。因为"在描述事物本身是什么样子和描述我们所想到它们是什么样子之间，并不像我们一开始认为的那样，有一条鸿沟"②。但事情往往正是在矫枉中出现了再度的偏颇。当分析美学所信奉的"通过分析来阐释世界"的观念取消了"意义"与"本质"的追问之后，人们不禁又陷入了迷茫。按分析美学的看法，美乃至艺术并不是一个封闭的系统，它是一个开放的体系。美的现象总是与一定的"目的"联系在一起的，特

① ［美］梯利：《西方哲学史》，葛力译，商务印书馆2000年版，第59页。

② ［美］布洛克：《美学新解》，滕守尧译，辽宁人民出版社1987年版，第4页。

别是当美与美的现象与我们生活的现实有了深刻勾连的时候，对那种“目的”的分析与观察尤其显得重要。但一个突出的问题是，“这种目的，靠观察和分析美的事物，是领会不到的，不论我们的观察和分析多么周密也没有用，因为它主要存在于意识中，而且只有通过意识才能体现于事物中。”[①] 这其中很自然地提出了一个问题，那就是美学研究的坦途并不是单靠方法论的变革就能抵达的。如果真像分析美学信奉的那样，对概念的语言分析就能窥见事物所有的奥秘，那么作为这种“奥秘”的蕴含所在的“艺术”和“美”岂不只是一种语言空壳？

这样看来，无论对美学研究做怎样的调整，我们都无法真正绕过柏拉图所提出的美学命题。因为取消了“意义”与“本质”的“美”也就无所谓“美”与“不美”了，同样取消了“意义”与“本质”的“美学”也就成了一个了无内容的无聊辩论。因为“美学”原本就是“意义之学”，“意义”之于“美学”，就像康定斯基所说的“什么”之于“艺术”，这个“什么”是“艺术所独具的本质”，[②] 而“意义”则是“美学”的真正价值所在。“反本质主义”的失当之处正在此。“反本质主义”向“意义”与“本质”开战，但又时刻不脱离“意义”与“本质”，它不但偏离了话题，而且将话题扯得更远。因此，那股声势浩大的“反本质主义”思潮想要在美学研究的观念层面和思想层面的调整上有所作为，但最终由于它对美学观念和美学思想的简单化处理而使这种理想不符初衷。因为，解决美学的困境，其根本并不是“形而上”的研究也不是“形而下”的判断，而是应该在对一定现实中人们审美观念和审美意识的深刻把握中，促使美学的整体视野自动地发生转换。这正是当代美学所亟须解决的，特别是在世界范围内后现代主义文化思潮向人们的精神观念和审美意识现实全面挺进的过程中，美学更应该适应现代审美意识的转型与突变，努力强化自己的现实品格和人文品格，在整体视野的自觉调整与转换中实现意义的超越。

---

① ［美］帕克：《美学原理》，张今译，广西师范大学出版社 2001 年版，第 4 页。

② ［俄］康定斯基：《论艺术的精神》，查立译，中国社会科学出版社 1987 年版，第 20 页。

在美学理论的层面上，无论是本质主义还是反本质主义，其实都与美学诞生时的那个潜在的假想敌——理性有关。在西方漫长的文化演进中，一直有着理性与非理性的纠葛。丹尼尔·贝尔曾指出："西方意识里一直存在着理性与非理性、理智与意志、理智与本能间的冲突，这些都是人的驱动力。不管其特征是什么，理性判断一直被认为是思维的高级形式，而且这种理性至上的秩序统治了西方文化将近两千年。"[①] 理性与思辨似乎从西方美学的发端就保持着一种亲和，他们都代表了人类文化创造和人类生命活动中的形而上思索，同时在美学逻辑体系中也作为一种文化意识的标志阻挠着美学向现实审美的任何投射，正是在这个意义上，伊格尔顿才说美学是"人类能力的幻象，作为人类的根本目的，这种幻象是所有支配性思想或工具主义思想的死敌"[②]。这样一种理论格局一直到现代主义运动的兴起才得到了全面改观。丹尼尔·贝尔认为，现代主义是"昂扬精神的胜利"[③]，它以一种现代反叛的姿态打乱了在西方统治了两千多年的理性至上的秩序，同时也摧毁了启蒙主义的种种设想。霍克海默和阿多诺在他们的《启蒙辩证法》中也对启蒙主义的理性观念作了深刻的批判，他们认为："启蒙精神摧毁了旧的不平等的、不正确的东西、直接的统治权，但同时又在普遍的联系中，在一些存在的东西与另外一些存在的东西的关系中使这种统治权永恒化。"[④] 现代主义所激烈反对的是启蒙主义的理性"为了效力于现存制度而疯狂欺骗群众"[⑤] 的意识形态性。因为启蒙主义导致了理性话语绝对扩张的理性主义绝对化，当人们执着地希望用理性扫除粗鲁野蛮的文化狂热而保持对一切事物的合理性之时，理性权威的绝对化却又导致了人在欲望原则和理性原则的双重压力下的现代人性的分裂和创伤，这意味着理性传统和启蒙观念仍然没有使社会个体摆脱个体生存的

---

① ［美］丹尼尔·贝尔：《资本主义文化矛盾》，赵凡等译，生活·读书·新知三联书店 1992 年版，第 164 页。

② ［英］伊格尔顿：《美学意识形态》，王杰等译，广西师范大学出版社 2001 年版，第 10 页。

③ ［美］丹尼尔·贝尔：《资本主义文化矛盾》，赵凡等译，生活·读书·新知三联书店 1992 年版，第 97 页。

④ ［德］霍克海默、阿多诺：《启蒙辩证法》，渠敬东等译，重庆出版社 1993 年版，第 10 页。

⑤ 同上书，第 37 页。

"现代性迷误"。一方面"人类从来没有像今天享有如此充分的自由可以避免自然的力量和社会的约束，个人可以任意决定他个人的生活方式及其未来"；另一方面，"启蒙时代以后的人们却又陷入了各种危机的包围，他迷失了方向，迷惘于人生和价值的意义；不知道未来的归向。"①

从美学理论发展的历程来看，真正促使美学话语转型的其实不是什么反本质主义，而是现代主义文化运动所导致的文化扩张的结果。现代文化运动（或称文化倾向，文化情绪）是一个令人困惑的社会学问题。全面的现代化运动和现代主义的激烈反叛在制造了庞大的社会物质大厦和文化景观之余，更使人们普遍地进入了一种自我生存根基整体性崩溃的无根无依的漂泊和分裂状态。在这个层面上，美学话语的转型并非是转向通常意义上的大众文化和消费文化那么简单，必须警惕那种过度强调感性化的审美观念。特别是在当代中国，伴随着经济全球化与文化全球化时代的到来，以娱乐和实用为中心的消费文化控制了人们整个的生活空间。中国当代消费文化的崛起进一步加剧了文化现代性视野中感性与理性的分裂，消费文化与政治意识形态相融合，在社会文化生态中制造的是实用主义和媚俗主义的文化景观。在美学话语转型中，经济全球化和文化全球化不仅是一把双刃剑，而且是二者之间一条巨大的鸿沟，中国当代美学研究要突围，不仅要面对"中国与世界""自我与他者"的问题，更要慎重对待"古典与现代""审美与生活"的矛盾，正是在这个意义上，中国当代美学话语的转型，更应该重视经典意识、古典品格和"审美乌托邦"精神，同时需要在现代性文化语境中引入"消费伦理学"和"人文价值论"，这恐怕才是美学话语转型的真正要义所在。

在后现代主义文化来临之际，美学话语转型的这种内在价值诉求更加重要。作为一种历史时期的标识，"后现代主义"表示了一种世纪末的风格，它是一种被文学比喻和叙述的联想模式渗透而成的社会、政治理论。从美学上，"后现代主义"延续了现代主义的悠久传统，但同时又

---

① ［德］孙志文：《现代人的焦虑和希望·自序》，陈永禹译，生活·读书·新知三联书店 1994 年版，第 2 页。

在社会范围内渲染了独特的理智骚动和自我质疑的审美意识。澳大利亚学者约翰·多克认为："'后现代主义'创造了一个新的历史时期：'后现代性'，也就是后工业时期，一个信息、电脑、大众媒体、大众传播的时代。"① 在这个时代中，文化就像美国学者杰姆逊说的那样："已经从过去那种特定的'文化圈层'中扩张出来，进入了人们的日常生活，成了消费品。"② 而此时此刻，"大叙事有点像超验的状态，以至于我们知觉的构造难以直接看到她们。"③ 在后现代主义观念的影响下，文化的扩张和渗透促使人们的审美需求多元化和平面化，更使人们的审美意识日益向广泛性和整体性发展，特别是在大众文化如火如荼地发展起来之后，人们的审美行为本身就是一种文化和美学的意义实现方式。正是在这个意义上，美学话语的转型也可以说是契合了当代文化现实和审美现实的需要。但后现代主义文化所造成的当代文化情势的紧张也需要当代美学努力吸收当代的有益的思想资源和文化资源，灌注新的精神内涵和价值指向，在对纷繁琐碎的审美文化现象批判中具备再一次走向美学本体阐释的超越品格和视野。这就要求中国当代美学研究不单单是关注一定社会中的审美文化现象，更应该探索美学研究作为一种文化机制参与当代社会的价值建构的方式与效力。

19 世纪德国诗人思想家海涅曾经说过，每一个时代都有它的重大课题，解决了它就把人类社会向前推进一步。从席勒以审美救助现代人性分裂与创伤，到斯宾塞主张以轻松和娱乐的活动来添补闲暇时间的审美构想，再到尼采哲学理想中对审美的形而上学和艺术的形而上学的情有独钟，以及马尔库塞倡导以"新感性"来治愈资本主义社会的人性分裂，我们可以发现，在人类思想的发展进程中，美学努力介入社会改造人生，一直是美学家们孜孜以求的目标。这也正是当代美学的神圣使命。在当代后

① ［澳］约翰·多克：《后现代主义与大众文化》，吴松江译，辽宁教育出版社 2001 年版，第 142 页。

② ［美］杰姆逊：《后现代主义与文化理论》，唐小兵译，北京大学出版社 1998 年版，第 162 页。

③ ［英］伊格尔顿：《后现代主义的幻象》，华明译，商务印书馆 2000 年版，第 128 页。

现代文化语境中，美学标志着一种特殊的文化留存方式，它所展现的是在一个特殊的历史时期人们生活图景和生存方式的现实状态。正是在这个意义上，美学话语的转型不但势在必行，而且意义重大。如何使中国当代美学研究进一步突破自身体系的封闭状态，走向自觉融合不同文化内涵和理论向度的完善境界，真正使美学研究成为特殊历史文化现实的有效应答与当代吁请，这既是美学话语的转型，更是当代美学精神的赓续与弘扬。

第一章

审美文化研究与中国当代美学话语转型

审美文化研究热潮和文化研究的兴起是20世纪中国美学发展中值得深入总结的理论思潮，它与近30年来中国当代美学研究的整体变革同步发生，既是社会文化变迁和审美话语转型的结果与表征，同时又深刻地融入这一话语变革的理论、问题与经验之中。在美学理论的层面上，审美文化研究热潮和文化研究的兴起极大地扭转了康德美学以来的经典美学话语在20世纪中国美学中的主导性位置，体现了20世纪中国美学研究不断融入现实审美文化领域，努力把握现实文化经验的理论发展趋向；在审美实践的层面上，则体现了中国当代美学研究与社会文化现实发展的一种结构性关联的趋向，从大众文化发展与日常生活变迁的角度体现了中国美学研究的理论新变。从20世纪90年代开始，审美文化研究热潮和文化研究的兴起集中了中国当代美学研究界最优秀的一批学者的理论思考，现在来看，尽管“文化研究”热和“审美文化”研究在学理逻辑和文化批评实践上还有很多需要提升和总结的内容，在文化多样性语境中还难以避免“西方文化研究在中国”单向的理论旅行和理论接受的阐释困境，但无疑极大地提升了中国当代美学研究呼应当代审美现实的能力和品格，这也是我们需要对20世纪中国美学发展中这一重要理论思潮进行反思和批判的地方。

第一节　审美文化研究的起源语境及其基本问题

审美文化研究的出场是中国当代美学研究努力向现实审美文化经验与现实开放的结果。在起源语境上，审美文化研究深刻地呼应了20世纪90年代中国当代社会大众文化崛起与消费文化勃兴的现实，是在中国社会现代化进程不断加剧、精英主义文化意识形态遭到无情拆解的过程中出现的。在这个过程中，审美文化研究不但体现了中国当代美学研究积极投身大众审美文化建构的努力和要求，而且展现了现代文化发展中美学研究的一种现实性的文化境遇，因此在问题层面上，审美文化研究的出现也是中国美学研究的现代意识逐步觉醒的标志。

一　审美文化研究：20世纪中国美学研究的新课题

审美文化研究是20世纪八九十年代中国美学研究的一个新的理论热点，同时也是20世纪中国美学发展中值得进一步反思的理论课题。审美文化研究广泛涉及了中国当代美学研究中的美学理论视域拓展、审美话语转型、美学研究跨学科转向、美学研究方法论变革以及美学学科发展转型等复杂的理论问题，同时也与中国当代美学研究的理论思维及价值观念变革紧密相连，对中国当代美学研究理论格局的拓展与理论观念的更新起到了重要的作用。20世纪90年代以后，随着西方美学理论话语的不断引入以及当代美学与文论的发展，美学研究进一步呈现多元化的理论图景，审美文化研究渐有淡出中国美学研究核心理论视野的趋势，但是，我们仍然不能忽视审美文化研究重要的理论启发，在近30年的审美文化研究进程中，它所提出的理论问题正是促使中国当代美学研究不断发展的思想和理论潜源，同时鲜明的理论研究成绩也纳入了中国当代美学史和学术史视野之中。

审美文化研究贯穿了20世纪八九十年代美学研究的主要历程。从20世纪80年代以来，审美文化研究发展历程大致经历了三个阶段：80年代中后期审美文化研究的理论倡导与初步发展、90年代以来审美文化研究的理论高潮和集中阐发、90年代后期以来审美文化研究的理论发展和延续阶段。80年代中后期是审美文化研究的理论倡导和初步发展时期。早在20世纪80年代早期，潘一的《青年审美文化研究纲要》就使用了“审美文化”的概念。[①] 但在文章中，“审美文化”并没有作为一个美学概念被提出，“审美文化”是在艺术社会学研究层面上被使用的，强调的是艺术社会学研究中的“青年审美文化”的概念，区别于后来美学研究中作为单独概念使用的“审美文化”概念。但在这一时期的研究中，已经注意到了审美文化现象研究的必要性以及审美文化产生的条件，并认为“青年审美文化的产生正是文化分化和整合的某种结果”[②]，很显然，这样的研究立论是恰当的，而且与后来美学研究从文化分化和去分化的理论视域中探究审美文化的历史与根源有着重要的理论相关性。80年代，较为明确地在美学研究领域提出审美文化概念的是北京大学叶朗教授。叶朗发表于1988年的《审美文化的当代课题》中首次将审美文化研究提升到美学理论研究的层面上。在这篇论文中，叶朗先生提出了通俗艺术与严肃艺术的不同功能，批判了西方先锋派艺术的反传统、反艺术、反文学的倾向，提出了“审美文化的两极运动律”，并对现代科技与审美文化的关系做出了理论说明。[③] 叶朗同年出版的《现代美学体系》则进一步将审美文化的概念引向美学的高度，在《现代美学体系》中，叶朗先生构筑了一个包括审美形态学、审美艺术学、审美心理学、审美社会学、审美教育学、审美设计学、审美发生学、审美哲学八个理论分支的现代美学理论框架，[④] 其中审美文化即包含在审美社会学的理论框架中，提出审美文化作为审美社会学的核心范畴，是指“人类审美活动的物化产品、观念体系和行为方式的总和”[⑤]。叶朗先生的《现代美学体系》最早是作为美学教材出版的，但在这部理论著作中，叶朗先生从美学研究的现代形态与方法等问题出发，超越了传统美学的理论观念，对现代美学体系的建立及其理论完善做出了

① 潘一：《青年审美文化研究纲要》，《上海青少年研究》1984年第11期。

② 同上。

③ 叶朗：《审美文化的当代课题》，《北京社会科学》1998年第3期。

④ 叶朗：《现代美学体系》，北京大学出版社1988年版，第32—33页。

⑤ 同上书，第260页。

深入的理论探索，至今仍然是美学研究中不可忽视的原创性理论著述。20世纪80年代，《现代美学体系》一书的确给人耳目一新的感觉，他对审美文化的理论内涵、构成与特性的理论阐发也为后来蓬勃发展的审美文化研究提供了重要的理论准备。在80年代的中国当代美学研究中，虽然有叶朗等前辈学者的理论倡导，但审美文化研究仍然处于零散状态，其中将审美文化概念用于美学和其他相邻学科的区别意义上来使用的现象比较普遍，所以，审美文化研究还没有在学理层面上进入美学研究的主导理论范畴中。这个过程是在90年代完成的。

20世纪90年代是审美文化研究理论高涨的时代，这主要体现在以下几个方面。首先，审美文化研究获得了美学研究领域众多学者的一致关注，在充分的理论共识和学术聚焦中，审美文化研究迅速成为美学理论研究的主要领域和崭新课题，并由此带动了一批专门性的学术研究机构的诞生。比如，1994年成立了中华美学学会审美文化委员会，一些高校成立了专门的审美文化研究所，一些报刊辟出专门的版面作为审美文化研究阵地，学术界召开了多次审美文化研讨会。① 这说明，审美文化的研究价值不但已被学术界所认可，而且已经成为当时中国美学研究的学术前沿问题。其次，有关审美文化研究的论文、专著、研究辑刊等研究成果不断涌现，并集中在中国美学研究的一批优秀学者身上，如叶朗、聂振斌、夏之放、刘叔成、肖鹰、高建平、徐岱、周宪、陈炎、姚文放、陶东风、王柯平、王一川、王德胜等不断把研究目光聚焦在审美文化研究，不断使审美文化研究中得到学理上、观念上和方法上的理论提升和学术争鸣，真正形成了审美文化研究的理论高潮，并创作了一批代表性的理论研究成果，如夏之放、刘叔成主编，肖鹰作为执行主编的“当代审美文化书系”。此书

① 20世纪90年代，中国美学研究中以“审美文化研究”为主题的研讨会有：1994年10月21—23日，汕头大学“当代审美文化研究”课题组与中华美学学会审美文化委员会于北京共同举办的“当代中国审美文化前瞻”学术研讨会；1996年7月28日，中华美学学会审美文化专业委员会和云南省红河哈尼族、彝族自治州政府联合主办的“中国当代审美文化学术研讨会”；2004年9月18—20日，山东大学文艺美学研究中心、山东大学文学与新闻传播学院、曲阜师范大学文学院共同主办的“全国审美文化学术研讨会”在山东日照召开；2006年11月16—18日，中国传媒大学、中华美学学会联合主办了“2006年审美文化高峰论坛”等。

系也是国家“八五”规划重点课题“当代审美文化研究”成果，包括夏之放的《转型期的当代审美文化》、肖鹰的《形象与生存——审美时代的文化理论》、陈刚的《大众文化与当代乌托邦》、李军的《“家”的寓言——当代文艺的身份与性别》、邹跃进的《他者的眼光——当代艺术中的西方主义》（作家出版社 1996 年版）、周来祥主编的《东方审美文化研究》（广西师范大学出版社 1996 年版）、林同华的《审美文化论》（东方出版社 1992 年版）、王德胜的《扩张与危机——当代审美文化理论及其批评话题》（中国社会科学出版社 1996 年版）、姚文放的《当代审美文化批判》（山东文艺出版社 1999 年版）、聂振斌的《艺术化生存：中西审美文化比较》（四川人民出版社 1997 年版）、陶东风的《社会转型与当代知识分子》（上海三联书店 1999 年版）、徐岱的《艺术文化论》（人民文学出版社 1990 年版）、周宪的《中国当代审美文化研究》（北京大学出版社 1998 年版）、王一川的《张艺谋神话的终结——审美与文化视野中的张艺谋电影》（河南人民出版社 1998 年版）以及汕头大学出版社的《审美文化丛刊》（1994 年版）等，这些优秀的研究成果极大地促进了审美文化研究的理论发展。另外，不可计数的学术论文围绕审美文化概念的内涵、审美文化研究与美学学科的关系、审美文化研究的意义、审美文化研究与当代美学理论走向、审美文化与大众文化批判等问题展开了非常深入的讨论，也促使审美文化研究开始作为中国美学的学术主流话语进入美学理论史和思想史的视野之中。最后，20 世纪 90 年代，审美文化研究的高涨还带来了一种新的美学转向的出现，即通过审美文化研究促使美学研究进一步关注日常生活与大众文化，美学研究也进一步融入了社会文化发展的大环境，实现了审美与生活的融通，审美文化也成为描述当代文化总体性特征的一个重要范畴。

20 世纪 90 年代审美文化研究的高涨带来了美学理论的繁荣和复兴，这是继 80 年代“美学热”之后中国美学新的理论高峰时代，也带来了美学研究的“第三次理论转向”。[1] 20 世纪 90 年代以后，中国美学界又产生

① 高建平：《“美学的复兴”与新的做美学的方式——兼论新中国 60 年美学的发展与未来》，《艺术百家》2009 年第 5 期。

了一批新的审美文化研究的理论成果，如陈炎主编的《中国审美文化史》（山东画报出版社 2000 年版）、黄力之的《中国话语：当代审美文化史论》（中央编译出版社 2001 年版）、王柯平的《中西审美文化随笔》（旅游教育出版社 2001 年版）、陶东风的《社会转型期审美文化研究》（北京出版社 2002 年版）、吴中杰的《中国古代审美文化》（上海古籍出版社 2003 年版）、王杰的《神圣而朴素的美：黑衣壮审美文化与审美制度研究》（广西师范大学出版社 2005 年版）、仪平策的《中古审美文化通论》（山东人民出版社 2007 年版）、张晶的《当代审美文化新论》（中国传媒大学出版社 2008 年版）、周均平的《秦汉宏观审美文化》（人民出版社 2007 年版）、余虹的《审美文化导论》（高等教育出版社 2006 年版）、徐放鸣的《审美文化新视野》（中国社会科学出版社 2008 年版），等等，这些理论著作虽然出版是 2000 年以后，但有力地承续了 90 年代以来中国美学在审美文化研究所取得的理论成绩，特别是经过了一定的理论沉潜和思想提升之后，审美文化研究达到了一个新的理论高度，因此也是审美文化研究在 20 世纪 90 年代以来的重要的理论延续，共同构成了 20 世纪中国美学发展史上审美文化研究理论发展与丰富的成绩。由于审美文化的内涵较为丰富，特别是审美文化研究涉及中国当代美学研究的思想语境和社会背景较为复杂，使得审美文化研究的问题史和学术史的清理往往会淹没在众声喧哗的话语迷雾之中。这一点也正是 20 世纪 90 年代后期以来审美文化研究的主要问题，所以，虽然审美文化有着 90 年代的高涨，但随着社会文化语境特别是理论高潮的转移，审美文化研究也不断走向泛文化研究，特别是随着 20 世纪 90 年代以后西方文化研究理论与方法的大量引入，在美学理论研究中耕耘的审美文化研究日益被广义的文化研究所代替，这也正是从审美文化走向文化研究的中国美学的新的理论阶段。

二　什么是“审美文化”

从 20 世纪 80 年代审美文化研究开始在中国美学界被倡导，一直到 90 年代中国当代美学研究中审美文化研究的高涨，关于“审美文化”概念的界定一直是美学理论界认真探讨的问题，也是在很长一段时间内有着不同的理论见解的问题。首先，在对审美文化概念界定的必要性上，学术界的看法不一。关于审美文化的概念，有的学者认为，“不一定非得先确定它是什么东西才可以去研究，模糊一点没有关系。”“先做起来再说。”[①] 但也有的学者认为，“如果真的把这一问题悬置起来不闻不问，我们研究的范围、对象将是漫无边际的，研究的目的方向也将是模糊的。”[②] 其次，在“审美文化”概念的学理来源上，学界也有不同的看法。有的学者把审美文化概念的历史追溯到了18世纪的席勒；[③] 有的则从19世纪英国哲学家斯宾塞的有关论著中寻找审美文化概念的最早理论依据；[④] 还有的学者认为，审美文化这个范畴是“一个现代概念”，“是在文化的现代化进程中突现出来的”体现了现代性的重要范畴。[⑤] 再次，在审美文化概念的本土理论依据上，有的学者积极从中国美学研究的传统和历史中寻找理论依据，也有的学者认为，“‘审美文化’这个概念不是土生土长的，而是中国学者接受了西方文化思潮，特别是后现代主义文化思潮影响之后提出来的。”“是改革开放以来，中西文化交流的产物，也是市场经济条件下新出现的文化现象。”[⑥] 最后，最复杂的是在对审美文化概念的理解上存在不同的理论向度，学者们从不同的角度看待审美文化，因而有着各种各样甚至是截然相反的结论。诸多的争论说明审美文化正处于理论不断的探索和争鸣的过程之中，其完整系统的理论体系还没有形成，或许还需要一个相当艰难的过程。

在审美文化研究中，关于审美文化概念的界定既是一种初步的学术研究工作，同时又是一个严肃的美学理论问题。由于审美文化研究本身涉及了美学学科的理论传统与现代美学理论发展及其当代演进等复杂的理论问题，所以，审美文化的概念的界定与理解一方面无法回避传统美学和现代美学理论话语的发展变化，另一方面又无法脱离美学发展的当代语境，特

---

① 李泽厚、王德胜：《关于哲学美学和审美文化研究的对话》，《文艺研究》1994年第6期。
② 聂振斌：《什么是审美文化》，《北京社会科学》1997年第2期。
③ 肖鹰：《审美文化：历史与现实》，《浙江学刊》1996年第5期。
④ 王柯平：《西方审美文化的绵延》，《浙江学刊》1998年第2期。
⑤ 周宪：《文化的分化与去分化》，《浙江学刊》1997年第5期。
⑥ 聂振斌等：《艺术化生存》，四川人民出版社1997年版，第532页。

别是美学发展的当代语境有可能使审美文化的概念滑入泛文化理解之中，这种理论研究和发展态势有可能抹杀审美文化在美学层面的内涵，使其学理意义不突出，让审美文化与通常意义上的大众文化、通俗文化混为一谈。正是在这个意义上，在审美文化研究中，概念的明确、研究对象的清楚及理论共识的统一是必要的。在审美文化研究中，多数学者积极探索一个恰当合理的能够为大多数研究者所接受的审美文化概念。因此，在20世纪八九十年代审美文化研究中，尽管学界对审美文化概念的界定仍然存在着差异，但我们仍然可以发现其中某些共同的理论指向。

首先，在审美文化研究中，关于审美文化概念的界定，学界已经充分考虑到了审美文化现象的复杂性、审美文化研究领域的多面性以及审美文化研究的历史性和广泛性，在这个意义上，从事审美文化研究的学者首先强调的是“审美文化”是一个整体性的概念，并积极倡导它的价值属性，强调审美文化研究是对一定历史情境中的文化现状和美学主潮的理论概括和价值引导。其次，对于审美文化的概念，学者们在整体性的立场上考虑到了“审美文化”一词与“审美”和“文化”这两个概念的同属关系，强调“审美文化”不是简单的“审美的文化”或“文化的审美”，而是从审美现实的视角和文化态势的深度体现出来的掌握和改造世界的感性文化系统。这种审美文化概念的界定方式肯定的是从一定时期的文化现状和人们审美意识现实出发，促使人类按照“美的尺度”自觉地建造，日益丰富物质文化并不断提升人们的精神境界的文化模式，并最终对人类文明进程中的文化行为作出理智的思考。再次，在对审美文化概念的界定中，积极强调对审美文化的整体性描述，强调审美文化具有整合现实活动中人们审美体验方式的生产和消费功能，更充分地突出了审美文化研究的针对性和有效性。鉴于这种思考角度，在审美文化研究中，学者们对审美文化概念的理解充分考虑到了中西审美文化的历史与现实的深入剖析，更多地强调在比较研究的立场上融合中西方各自文化情势的演进与审美风尚变革，寻找审美文化概念的共同的逻辑起源与价值支点，并作为当代审美文化研究的学理依据。这种研究方式对审美文化研究有非常重要的意义。中西方各自有着独特的审美观念和文化现代化历史，由此衍生出来的审美文化图景也就呈现出不同的色相，审美文化研究重视并深入探究不同的审美文化图景，其实也是强化了审美文化概念的理论内涵及其研究价值。最后，在审美文化概念的研究中，学者们充分突出了审美文化研究的问题性，那就是审美文化研究在根本上不一定强调那种宏观的学理建设，而是促使美学理论立足中国当代的审美文化现实，深入挖掘中国优秀的审美文化传统，并吸收西方审美文化经验中的合理成分，以发挥美学研究把握当代社会人们审美体验的基础性功能。这一点也正是审美文化概念和理论内涵的应有之义。

尽管审美文化概念的内涵较为复杂，不同的研究者从不同的角度和立场看待审美文化，但在20世纪八九十年代的审美文化研究中，学界对什么是审美文化能够达成的基本理论共识，那就是对审美文化概念的理解，我们既不能忽略西方绵延已久的审美文化传统，又不能脱离中国特有的审美文化现实，而应该采取一种宏观的、比较的视野来把握它的学理问题及其理论特征。审美文化是一个从人类文化整体内剥离出来的体现了人类本身审美智慧和美学观念的感性文化形态，是伴随着人类自身的物质文化创造和审美观念变革而不断接近现实经验的文化现象和观念体系。由于审美文化具有这样一种学理和现象特征，所以审美文化研究不能脱离现实文化语境中的感性审美经验与现实，特别是对具体的审美文化文本的阅读和分析，从而实现美学研究的现实审美情怀，彰显美学理论把握现实的能力和品格，这也是审美文化研究对20世纪中国美学史发展的重要的理论贡献及其价值。

三　审美文化研究的起源语境与美学吁求

审美文化研究热潮的出现不是偶然的，在起源语境上，审美文化研究在20世纪八九十年代的出现既是中国特殊的社会文化发展现实决定的，同时也离不开西方美学理论的启发，更与中国当代社会文化与意识形态语境中的美学研究格局的整体变革有关。审美文化研究的出现首先是20世纪80年代以来中国当代现实文化语境促动的结果，这也是90年代以来从事审美文化研究的学者们普遍曾经经历过的一种社会现实。在审美文化研究过程中，学者们普遍感到了90年代以来中国当代审美文化现实的新变化，特别是随着改革开放的深入和经济社会的转型发展，日常生活和精神生活中各种样态的审美文化现象的勃兴给审美文化研究提供了重要的现实基础。朱立元先生在谈到审美文化研究时曾明确提出，迅捷走向大众化、世俗化的当代生活体现了审美文化研究的语境特征，他提出，在全球化语境中，90年代初的中国社会文化发生、经历了历史性的重大转型，出现了“当代文学中经典文本的匮乏以及对‘经典’的颠覆和消解；文艺关注和描写的对象世俗化、生活化；雅俗界限日趋模糊甚至消失”①等现象。王一川总结描述20世纪90年代中国当代文化发展现实时也强调：“一方面，‘审美’不断向普通‘文化’领域渗透，弥漫于其各个环节；而另一方面，普通‘文化’也日益向‘审美’靠近，有意无意地把‘审美’规范当作自身的规范，这就形成两者难以分辨的复杂局面。在此意义上不妨说，当代文化实质上就是审美的文化。”②审美文化研究在起源语境上正是承续了90年代中国当代社会世俗化、大众化、消费化发展的现实，在这种起源语境中，审美文化研究将更多的目光聚焦于影视作品、传播媒介、流行音乐、大众文学、青年亚文化等各种新兴文化形式，体现了美学研究对现实审美文化经验发展的一种理论的回应。

审美文化研究的出场还是20世纪90年代中国美学研究受西方文化研究理论影响的结果。从20世纪80年代开始，中国当代美学与文学理论从西方文化研究中汲取了丰富的理论资源和思想资源，期间的理论交会和实践影响所产生的思想张力也对审美文化研究起到了重要的推动作用。审美文化研究在学理层面上首先受到的是雷蒙·威廉斯等英国文化研究理论的影响，在审美文化研究中，英国文化理论家雷蒙·威廉斯的通俗文化和大众文化概念给审美文化研究提供了非常重要的理论资源，同

---

① 朱立元等：《迅捷走向大众化、世俗化——对20世纪90年代中国审美文化的几点反思》，《海南师范学院学报》2001年第5期；另见朱立元《雅俗界限趋于模糊——90年代“全球化”语境中的中国审美文化之审视》，《常德师范学院学报》2000年第6期。

② 王一川：《从启蒙到沟通——90年代审美文化与人文精神转化论纲》，《文艺争鸣》1994年第5期。

时，雷蒙·威廉斯等英国大众文化研究视角也为中国当代美学深入把握当代审美文化现象，提出审美文化学理研究提供了重要的方法论参照。其次，西方美学理论中对审美文化研究有较大影响还有法兰克福学派的文化工业理论，法兰克福学派的文化工业理论与雷蒙·威廉斯等英国文化理论对大众文化有不同的理论态度，更多地坚持对大众文化的意识形态蕴含予以批判，在审美文化研究中，英国文化研究理论的大众文化研究的理论视野和方法与法兰克福学派文化工业理论的批判视角可以说相得益彰，促进了当代美学研究的话语转向，也是审美文化研究理论重要的发展方向。

在一次访谈中，叶朗先生谈到他的《现代美学体系》时曾说，《现代美学体系》的编写，有感于这样一种现实："改革开放之后与我国的审美实践相脱节，没有研究新时期的审美实践、文艺实践的新成果、新经验和提出的新问题。这些缺陷，使得我们的美学教材显得陈旧、单调、乏味，缺乏时代感和现实感，越来越不能适应高等学校美学教学的需要，也越来越不能适应文艺实践的需要以及各行各业进行美育的需要。我们当时编写《现代美学体系》，就是希望能够克服这些缺陷。"①《现代美学体系》是中国美学研究中较早涉及审美文化研究的著作，早已超越了美学教材建设的原初的理论设想，它对审美文化问题前瞻性的理论研究也极大地拓展了审美文化研究的理论发展。叶朗先生的说法在探讨审美文化的起源语境问题上较有代表性，审美文化研究的出场，除了现实文化语境的影响之外，正像叶朗说的那样，正是反映了中国美学界试图扭转当时美学理论研究陈旧单调、乏味现实的理论努力，可以说，在这方面，审美文化研究体现了当代美学理论发展的一种内在吁求。这个美学吁求就是在走出或者经过了20世纪80年代的"美学热"之后，中国美学理论研究在90年代新的社会文化现实中，如何实现新的理论更新，如何走向新的超越与回归理论道路的问题。在这个意义上，90年代审美文化研究的兴起正是超越80年代"美学热"的结果，所谓超越，正像高建平先生说的那样，"是说要走出

① 彭锋：《美在意象——叶朗教授访谈录》，《文艺研究》2014年第4期。

‘纯’美学，也就是说，要挑战过去所理解的美学的一些基本前提，由此而做出一些新的研究。”① 这种美学吁求既适逢其时，同时也体现了中国当代美学理论发展的某种深层次的理论格局的变革态势。所以，在某种意义上，审美文化研究的出场既是一种外在的文化现实促动的结果，同时也内在地体现了中国美学话语理论突围的努力和成绩。

第二节　审美文化与中国美学话语的理论突围

审美文化的勃兴既是现代文化扩张中美学现代意识逐步觉醒的结果，同时又是当代文化现实中审美风尚突转的产物。当代审美文化研究热潮的兴起，体现了国内美学理论界强烈的危机意识和前瞻意识。危机意识萌发于传统美学的现实迷惑，提出审美文化研究，意在利用审美文化更接近人们日常体验的特性，推动美学研究向深层而现实的方向演进，从而促使美学能突破自身体系的封闭状态，走向自觉融合不同文化内涵和理论向度的完善境界；前瞻意识肇端于当代学者面对新的历史语境，思考美学研究如何在信息化、全球化时代，更深层次地观照现实文化经验与人们的日常体验，实现美学理论把握现实的应有使命。

一　关于美学学科定位的重新思考

在审美文化研究中，尽管在审美文化的概念、内涵、功能以及意义的探讨中人们会各抒己见，立足点和观念有一定差异，但核心的理论探究也有明显的一致之处，那就是随着 20 世纪 90 年代中国社会的文化转型以及在文化全球化以及媒介、生产、传播与消费文化话语逐渐生成的语境中，如何恰当准确地把握美学的学科定位问题。所以，当美学研究的理论形态及其话语方式发生一定变化之后，特别是在市场化的文化发展以及文化生产与消费迫使美学研究不断寻找理论的下行路向之时，关于美学的学科定位问题就成了审美文化研究在理论层面上的核心主题。

① 高建平：《美学的超越与回归》，《上海大学学报》2014 年第 1 期。

美学学科的定位问题本身比较复杂。从近代美学的崛起时刻，美学学科的定位问题就是聚讼纷纭的问题。美学学科的定位问题影响的是美学研究的方向与格局，也影响着美学研究的现实走向。从 20 世纪 50 年代开始，中国当代美学在学科定位中较多地受康德美学的理论框架的影响，基本上是以本体论、认识论为主要哲学理论根源看待美学的学科定位的，在这种学科定位中，美学研究基本上是以哲学美学的理论形态展现出来的。自 20 世纪 80 年代以来，中国当代美学在世界范围内美学话语转向的影响下，出现了价值论美学、实践论美学、语言论美学以及文化论美学等新的美学话语形态，美学的学科定位问题在这些新的美学话语形态的影响下也发生了新的变化。其中影响较大的是文化论美学，文化论美学吸收了西方文化理论的启发，强调文化是人类的一种符号表意行为，强调运用跨学科手段去综合分析各种文化现象，而不是像传统美学那样注重美学的元理论话语研究。20 世纪 80 年代，审美文化的兴起与美学的文化转向可以说是同时发生的，因此伴随着美学研究的文化论转向，关于美学的学科定位问题自然进入审美文化研究的前台。在审美文化研究中，王德胜先生曾经提出："尽管'当代审美文化研究'的发生直接联系着以'美学学科定位'为目标的'美学话语转型'的努力。然而，实际上，当代审美文化研究的展开及其具体表现，却又无疑在另一个层面上做着另外的一件工作。换句话说，进入 90 年代以后，当代审美文化研究的出现不仅没有减少'美学学科定位'问题的难度，甚而也没有改变这一问题的存在维度。"① 他的这一论断是客观的，可以说，所有致力于审美文化研究的学者都不由自主地触及了美学的学科定位问题，因为审美文化研究其主要的理论走向就是不再以本体论、认识论的美学理论形态为主要趋向，不再从哲学美学的学科定位角度看待具体的美学问题研究，而是将各种具体的审美文化经验、媒介与大众文化现实、审美与日常生活作为主要的研究内容与研究方向，由此产生了对美学学科定位问题的新的反思与理论阐释也是自然而然的。

① 王德胜：《当代审美文化研究的学科定位》，《文艺研究》1999 年第 7 期。

关于审美文化研究中的美学学科的定位问题，学界一开始也是看法不一，有的研究者强调："着重研究审美现象的'文化'层面，用'审美文化'这个核心概念把握审美现象的本质和审美活动的规律"[①]；有的研究者则强调大众媒介在审美文化研究中的作用，认为："在审美文化向消费文化的转型中，并不是说审美文化完全销声匿迹了，而是说它失去了赖以存活的历史语境之后形神涣散并已极度边缘化"[②]；有的学者则干脆强调："'文化'与'审美'本来就有内在的一致性，'审美文化凝结为一个具有浓郁的时代印痕的命题，则包蕴着太多的人文积淀，且开启了美学发展的新的路向。"[③] 正是由于这些理解和阐释角度的差异，在审美文化研究中，美学的学科定位问题不一定是一个直接的研究内容，而更多地从具体的研究成果中看出理论研究的路向和理解方式，这也是审美文化研究对美学理论发展的一个特殊的理论贡献。

在审美文化研究中，触及与呼应美学的学科定位问题的基本有三种路向，一是立足于中国美学的传统资源，改变传统美学的思辨趋向，在思辨与实证相结合的观念上突出中国审美文化研究的理论资源与思想价值。在这方面，往往着眼的是中国审美文化的历史概貌，强调从审美文化的历时性的角度与美学具体问题相印证，以学科重构的方式深入美学学科的定位问题。比如，吴中杰主编的《中国古代审美文化论》（上海古籍出版社2000年版）是审美文化研究中的重要作品，在这部著作中，作者提出："审美文化所要研究的，是人类文明发展进程中，审美意识的发展历史、它的逻辑规范及其在各个文化领域中的衍化。"[④] 在这种思路下，作者的研究包括中国古代审美意识发展史、中国古代审美范畴研究、中国古代门类艺术研究三个部分，在完整系统的研究中体现出了对美学学科定位的新的思考。稍后，陈炎主编的《中国审美文化史》（山东画报出版社2000年

---

① 李林：《美学研究的新思维：审美文化学》，《广西大学学报》1991年第2期。

② 赵勇：《从审美文化到消费文化——论大众媒介在文化转型中的作用》，《探索与争鸣》2008年第10期。

③ 张晶：《作为美学新路向的审美文化研究》，《现代传播》2006年第5期。

④ 吴中杰主编：《中国古代审美文化论》，上海古籍出版社2000年版，第2页。

版）也是关于中国审美文化研究的典范之作，在审美文化研究方面，陈炎强调从中国传统审美文化发展的特殊的生活方式、思维方式与文化特性入手，在为中国审美文化研究建构特殊的文化结构与理论形态的过程中，实现对中国美学新的理解与阐释，较为明显地体现出了对美学学科定位问题的深入理解。此外，周均平的《秦汉审美文化宏观研究》虽说是一部关于秦汉审美文化研究的著作，围绕着秦汉审美文化的发展历程、理论资源与审美特点展开研究，但在精细的视角与系统性的架构中对中国古代审美文化的建构做出了深入的探索，在审美文化研究如何放置美学的学科定位问题上也有一定的启发。二是立足中国审美文化的纵向发展与横向阐释，强调中国审美文化的古今对比、中西审美文化的比较研究，在史论结合方面将审美文化问题置于美学研究核心，可以说在理论的外向形态上触及了美学的学科定位问题。在这方面余虹主编的《审美文化导论》（高等教育出版社 2006 年版）可作为一个理论代表，在这部作品中，余虹强调从审美文化的历史样态与审美文化的当代状况两个方面确立审美文化研究的理论框架，采用一种历史纵向研究与当代阐释相结合的理论方式，其中在审美文化的历史样态研究中，突出地从审美文化角度介入中西美学发展史上的文学、艺术与文化个案研究，可以说以较突出的个案研究的方式深化了审美文化研究的理论成果，自然对美学学科定位问题也有重要的影响。三是立足西方审美文化理论发展与中国当代大众文化和审美文化语境，在大众文化、消费文化的个案探究中，强化对美学学科定位问题的反思性研究，突出的是审美文化研究现象层面与大众文化发展中美学话语的现实指向。比如，周宪的《当代中国审美文化研究》（北京大学出版社 1997 年版）、徐放鸣等的《审美文化新视野》（中国社会科学出版社 2008 年版）引入古今对比的视角，在审美文化发展的历史逻辑的分析中对消费文化、大众传媒、新媒体艺术等审美文化现象的个案研究，在令人耳目一新之中对重新理解和评判审美文化研究中的美学学科定位问题有积极的意义。

审美文化研究中这三种理论路向或倾向于中国审美文化发展的纵向梳理，或强调审美文化现象与现实发展的文化诠释，或强调审美文化发展中的中西互补的个案阐释，均从不同层面上推动乃至重新阐释美学学科定位问题，这种定位不同于20世纪中国美学发展中其他理论思潮的一个重要方面，就是关注现实审美文化的具体发展，从而有力地推动了中国美学话语的转型，同时也体现出了美学理论发展本身的变革态势。审美文化研究既涉及中国审美文化研究，也包含当代大众文化研究，更强调媒介、影视等具体的审美文化门类研究，但无论哪一方面的研究，如何在现象研究层面上走向更深层次的学理建设，这也是审美文化研究着力要探究的另一方面内容。

二 向现实开放的美学：审美文化研究的理论走向

审美文化研究是中国当代美学继20世纪80年代“美学热”[①] 以来的新一轮的美学热潮，正像80年代的“美学热”促使中国美学研究在学理层面上有一个本质的飞跃一样，审美文化研究也极大地促进了中国当代美学的学理建构。80年代的“美学热”曾引发了中国美学理论的深入拓展与学科交融，不但有实践美学、生命美学、体验美学、生态美学等新的美学理论思潮不断出现，而且出现了美学理论研究的纵深发展，康德美学、黑格尔与马克思、尼采、海德格尔等西方美学家的思想得到了深入阐释，宗白华、朱光潜、李泽厚、王朝闻等当代美学家的思想研究也在中国美学界得以充分展现，而且还出现了《文艺美学丛书》《艺术美学丛书》《美学译文丛书》等一批重要的美学理论著述，此外，电影美学、戏剧美学、绘画美学、雕塑美学、音乐美学等新的美学领域也得到了深入的拓展。从时间上来看，审美文化研究与80年代的“美学热”有重合之处，在80年代的“美学热”中已经出现了审美文化研究的趋向，但从内在的理论动向来看，审美文化研究与80年代的“美学热”的整体理论趋向仍有不同之处。首先，从理论内涵来看，80年代的“美学热”其实是一种宽泛的描述，所谓“美学热”其实难以描述那个时期具体的美学研究的理论与问题，也很难指涉美学理论研究的方向，而审美文化研究则具有明确的理论

---

① “美学热”指的是从1978年起，以“形象思维”讨论为开端的美学热潮。这一热潮一直持续到80年代后期，其后就为社会、经济、文化等一些学科的研究所取代。见高建平《“美学的复兴”与新的做美学的方式》，《艺术百家》2009年第5期。

指向，这种理论指向强调的就是美学研究进一步面向现实，走出美学研究踯躅于纯理论层面难以把握具体问题的理论困境。其次，从时间延续历程上看，审美文化研究显然延续得更持久，而且在审美文化研究中没有完全延续80年代的“美学热”的理论观念。最后，审美文化研究同样具有宽泛的领域，但这个宽泛的领域其实已经跟古典形态的美学研究不可同日而语，正是因为宽泛，在审美文化研究中已经包含了更多的非纯粹美学理论的因素，社会、经济和文化因素不断融入美学研究中来，因而大大拓展了美学研究的范围和领域，当然，这也让美学研究承载着美学泛化的危险。在这个过程中，审美文化研究在挑战了传统美学的学科定位之后，已经促使美学研究不断走向日常生活和现实文化，因此，不断向现实文化经验拓展的美学研究理路构成了审美文化研究主要的理论走向。在这个层面上，审美文化研究无疑代表了20世纪中国美学在新的历史和文化语境中的思考。

向现实开放的审美文化研究首先带来美学研究边界的消解和变迁，审美文化研究明显的理论趋向在于拒绝纯粹的美的“意义”与“本质”，“传统审美文化的类型和规则，以及许许多多的禁忌正在或已经瓦解，新的游戏规则正在取而代之”①。审美文化研究在具体文化现象和审美文化个案研究取得的成果就说明了这一点，具体文化现象和个案研究已经不是为了说明和佐证纯理论问题，而本身就是研究的对象和目的所在，王一川在20世纪80年代持续关注张艺谋的电影，在《张艺谋神话的终结——审美与文化视野中的张艺谋电影》中从审美文化的角度对张艺谋电影做了出色的文化研究，认为“张艺谋神话的终结，表明80年代的精英文化意义上的启蒙与个性神话已移位为大众文化意义上的商业神话”②。就说明了这一点。肖鹰在《形象与生存——审美时代的文化理论》中对先锋派文学做出了不同以往的研究，也是着眼于先锋文化与经典瓦解的现实语境，表明“先锋已经实现它与现实的结构性缝合”③。此外，像周宪的视觉文化研究、陶东风

① 周宪：《边界的消解与审美文化的变迁》，《浙江学刊》1998年第4期。

② 王一川：《张艺谋神话的终结——审美与文化视野中的张艺谋电影》，河南人民出版社1998年版，第268页。

③ 肖鹰：《形象与生存——审美时代的文化理论》，作家出版社1996年版，第153页。

的大众文化研究其实都着眼于审美文化研究中的文化个案，从而体现出美学研究边界的文化泛化与变迁特征。

其次，向现实开放的审美文化研究还意味着美学研究方法论的变革，以及由方法论变革带来的新的理论体系性问题的重新评估。在传统美学研究的理论格局中，理论的体系性建设是一个重要的理论研究方面，无论康德、黑格尔、费尔巴哈以及马克思，他们的理论研究均有突出的理论建构色彩。但随着美学理论的发展以及现实文化经验的发展，美学研究的体系性研究格局渐渐地暴露出了它的偏颇。因为人们渐渐发现，美学日益脱离人类社会实践和人类生存状态的理论思辨特征，不但导致了美学研究的思维方式的日益狭窄、美学话语的日益空泛、美学原理的极端抽象，而且影响的是美学体系的封闭。在这种理论研究格局中，美学最初高声唱响的人文精神、崇高意识与终极关怀，正经历着曲高和寡的尴尬。随着审美文化研究的兴起，美学研究进一步向现实审美领域扩展，因而给美学的研究对象、研究格局以及理论内容方面予以强烈冲击，以至于有的研究者提出"流行歌曲、摇滚乐、卡拉 OK、迪斯科、肥皂剧、武侠片、警匪片、明星传记、言情小说、旅行读物、时装表演、西式快餐、电子游戏、婚纱摄影、文化衫都可以包括在审美文化研究之列"①。

再次，审美文化研究努力向现实审美开放还体现了中国当代美学研究在现代文化扩张中的现代意识的逐步觉醒。美学现代意识的觉醒就在于突破以往的美学研究的思维方式与理论观念，在不断吸收新的理论资源及其现实养分的过程中，走向新的文化创造。这个过程既有特殊的社会历史背景的影响，比如商品经济觉醒给美学研究的现实性的刺激，从而使审美文化研究具有明显的时代征候，但更多的是当代美学研究在变革的时代大潮中人文关怀意识的体现，从而体现出了美学话语转型的超越性影响。

审美文化研究向现实审美领域的开放正体现了当代美学话语转型中，中国美学的当代人文关怀意识，也体现了美学研究强烈的危机意识和前瞻意识。危机意识萌发于传统美学的现实迷惑，提出审美文化研究，意在利

---

① 姚文放：《当代审美文化批判论纲》，《北京社会科学》1999 年第 1 期。

用审美文化更接近人们日常体验的特性，以推动美学研究向深层而现实的方向演进，从而促使美学突破自身体系的封闭状态，走向自觉融合不同文化内涵和理论向度的完美境界；前瞻意识肇端于当代学者面对21世纪，思考高科技、信息化、全球化时代，美学如何努力实现关怀人类文明发展和人类生存状态的应有使命，规避工具理性和社会理性的话语造成的内在精神沦丧的异化历史，因此，在人们审美意识不断向生活的各个层面延伸的历史情境下，通过审美文化研究，建立一种以人的精神体验和审美观照行为为主导的社会感性文化形态，以消除和补充工具理性文化和社会理性文化所带来的对人类个体生存的某种限定和束缚，正是当代审美文化研究的共同的价值追求。

三 审美文化研究的批判向度

在20世纪八九十年代的审美文化研究中，批判性的视角与美学的批判性反思是审美文化研究主要的研究思路和价值取向。批判性反思的内容与方向主要针对的是当代美学研究的困境与危机，审美文化研究试图走出美学研究的原有理论格局，特别是打破长期以来美学研究的本体论困囿，试图在面对复杂广泛的审美文化现实与经验的过程中实现美学的理论突围与价值重构，从这个意义上看，审美文化研究努力体现出来的正是一种美学理论“接地气”的理论趋向，其批判性理论的价值在今天来看仍然是一种重要的思想资源。

基于批判性反思的审美文化研究在深层次上也与20世纪80年代“美学热”所体现出的美学吁求有关，在80年代的“美学热”中兴起的实践美学、生命美学、体验美学等理论思潮已经体现出了充分关注现实审美文化经验，特别是强调现实的人的个体生命体验的特征，只不过，在审美文化研究中，其理论方向和价值取向更加明确，美学理论研究的形而下走向更为明显，当然，它的理论调整的战略面临的现实文化经验的挑战也更加明显。高建平先生曾经谈到，如果说，80年代的“美学热”让中国美学在争论中前行，那么到了90年代，显然美学实际上处在一个困境之中，出现了“建立中国美学体系的要求与满足这个要求的条件还不成熟之间的矛盾”[①]。也就是说，“80年代的理想主义，那种‘让思想冲破牢笼’的精神，那种勇于学习、勇于实践的学术气氛，造就了一种‘新启蒙’的话语。到了90年代，学术气氛为之一变，来到了一个‘后启蒙’时代。”[②] 审美文化研究正是这种启蒙反思的结果。审美研究最值得重视的一种美学精神就是审美批判，审美批判体现了中国当代美学研究对审美文化现实的理论把握方式，即美学研究积极深入当代审美文化现象中的一些具体的文化现实问题，如当代文化发展中经典意识的匮乏、经典文化边界的消失以及大众消费文化的崛起等，这种审美批判精神其实暗含了中国当代思想文化发展中的一种深刻的理论反思意识，它指向的是大众文化的崛起与“后启蒙”时代来临时的美学精神困境的问题，审美文化研究正是“出于困境的反馈，出现了从启蒙走向了沟通”[③]。

审美文化研究的批判性反思在理论趋向上体现出了努力向现实开放的理论精神和文化精神，它所强调的不仅仅是中西美学发展历程中复杂的美学理论资源，更主要的是阐释评判当代社会文化发展中的大众审美经验和文化现实，因此，从理论研究的范围和内容来看，基于批判性反思的审美文化研究还与中国当代大众文化的发展有密切的关系。在中国当代美学发展的视野中，大众文化的兴起也是20世纪八九十年代以来重要的文化现实，大众文化的兴起是80年代以来中国改革开放的文化语境、商品化发展的经济环境以及媒介变革的现实促成的。从本质上看，大众文化的兴起其实也是中国当代最重要的审美文化现象，在这个意义上，审美文化研究有着等同于大众文化的成分，因此，在审美文化研究中，强调审美文化与大众文化的区别是一种主要的理论趋向。很多学者旗帜鲜明地坚持审美文化不等于大众文化，滕守尧从英国文化研究的理论历史与状况出发，提出不能将大众文化与审美文化混为一谈；[④] 朱立元也提出，在审美文化研究中，把审美文化等同于大

① 高建平：《中国美学三十年》，《四川师范大学学报》2007年第5期。

② 高建平：《后文化研究时代的美学》，《美育学刊》2011年第4期。

③ 王一川：《从启蒙到沟通——90年代审美文化与人文精神转化论纲》，《文艺争鸣》1994年第5期。

④ 滕守尧：《大众文化不等于审美文化》，《北京社会科学》1997年第2期。

众文化是考虑到了审美文化发展中的大众共享性的、媒介化的文化特性，有一定道理，但是，把“审美文化”直接等同于当代大众文化，其局限性也是相当明显的。朱立元提出，“首先，‘审美文化’到底是否是一个典型的现代概念，还难定论。”其次，“‘等同’说对‘审美的’（Aesthetic）一词的解释也存在片面性，它仅仅从形式上（即‘形象游戏’的外表且‘游戏’亦非康德的‘自由游戏’之意）把当代大众文化的商业化、技术化包装上升为‘审美的’，却忽略了此词在西方文化传统中更为实质性的一些含义，如‘自由性’‘非功利性’‘超越性’‘愉悦性’等，这就把‘审美’降低为一种纯粹低级的功利的感官享乐，也是对‘审美的’一词的反传统新解。更确切地说，这是对‘审美’一词的反审美解释。”①

最后，审美文化研究的批判向度还表现在对大众文化和审美文化现象中的商业性和消费主义的批判。在审美文化研究中，很多学者对当代大众文化研究中的消费指向和趣味主义退避三舍，批判商品文化及消费文化成了审美文化研究的主要趋向。在审美文化研究中，自觉抵制批判商品文化的现象极为明显，朱立元提出，迅捷走向大众化、世俗化是当代审美文化研究的主要特征，“当代文学中经典文本的匮乏以及对‘经典’的颠覆和消解，文艺关注和描写的对象世俗化、生活化，雅俗界限日趋模糊甚至消失”② 等，都使得审美文化出现世俗化的倾向。姚文放的《当代审美文化批判》从当代的哲学思潮、当代的社会心理、当代人的新宗教意识、传统审美文化、商品经济、科技以及地域、艺术形式变革、西方影响等方面全面批判了当代审美文化现实，特别是对商品经济、科技发展与当代大众文化发展现实做出了深刻的剖析，对审美文化发展中的商品化原则予以深入的批判。体现出了批判商品文化的主要方向。林同华的《审美文化学》（东方出版社 1992 年版）、李西健的《审美文化学》（湖北人民出版社 1992 年版），也对审美文化中的消费文化持批判态度；陈炎主编的《当代中国审美文化》广泛涉及当代审美文化研究中的文学、音乐、舞蹈、戏剧、电影、电视、网络、广告

① 朱立元：《“审美文化”概念小议》，《浙江学刊》1997 年第 5 期。

② 朱立元等：《迅捷走向大众化、世俗化》，《海南师范学院学报》2001 年第 5 期。

等新兴的审美门类，对审美文化研究的消费景观做了全景式的展现。

审美文化研究不可避免地要涉及消费文化与商业文化，可以说这是审美文化发展既定的社会语境，同时也是它面临的主要研究主旨。在这方面，中国当代审美文化研究批判消费文化和商品文化并非是单纯地反对消费文化，而是提出了一种新的理论阐释向度，即对新的美学语境中的消费审美文化现象的整体分析与解读，在这方面，章建刚的看法也是如此，他强调，我们不能将“审美文化研究”与“审美文化”混为一谈，审美文化研究既然诞生于审美文化现象的批判，但不能将审美文化研究简单地看作“审美文化现象的批判”，他提出：“对于近年来所谓‘审美文化’现象，人们完全有理由给予积极的评价”①。赵勇也提出：“在审美文化消费文化的转型中，并不是说审美文化完全销声匿迹了，而是说它失去了赖以存活的历史语境之后形神涣散并已极度边缘化。”② 我们不否认消费文化的内质中含有人生审美化的意义，我们也不否认当代消费文化追求休闲娱乐崇尚所谓高品质的优质生活是现代审美文化的内涵之一，但是我们不仅是“娱乐之死的物种”③，更需要在重温生活中的感受和艺术中的激情之时获得真正的生命感动，正因为此，在消费文化、功利主义意识形态不断地侵蚀当代审美文化的现实空间，消费中的文化借“通俗”与“大众”之名面目全非之时，我们就该在“无边的消费主义”中“重拾艺术崇高论的话题”，④ 这正是需要我们对消费文化进行严肃批判反思的理由，也是审美文化研究给当代美学提出的重要的理论启发。

第三节 “文化研究”热与中国美学研究的理论发展

在20世纪中国美学发展中，审美文化研究热潮和“文化研究”热具有着共同的起源语境，但就内在的研究性质而言，二者仍然有一定区别，

① 章建刚：《何谓“审美文化”?》，《哲学研究》1996年第12期。

② 赵勇：《从审美文化到消费文化》，《探索与争鸣》2008年第10期。

③ [美] 尼尔·波兹曼：《娱乐至死》，章艳译，广西师范大学出版社2004年版，第4页。

④ 徐岱：《艺术新概念》，浙江大学出版社2006年版，第8页。

审美文化研究更多强调对当代各种审美文化现象作批判阐释，而文化研究不仅满足于对包括文学在内的审美文化现象进行批判研究，而且具有文学研究泛文化特点，文化研究不像审美文化研究那样从美学发展的内部应运而生最终又走向美学，它与美学既存在联系又有一定疏离，并由此影响了中国美学研究的理论进程。

一 “文化研究”热兴起的原因

20 世纪的最后二十年，中国美学的发展与“文化研究”热的兴起几乎是同步发生的，文化研究既是美学理论变革的表征，同时又深刻地融入这一变革之中，并起到了重要的推动作用。中国当代美学与文学理论从文化研究中汲取了丰富的理论资源和思想资源，文化研究的实践性品格和跨学科优势也让中国美学研究发现了新的突围方向，文化研究的开放性旨趣和批判性精神也让美学研究增强了面向现实的勇气和力量。在当下，文化研究队伍不断扩大，文化研究的成果也不断丰富，文化研究的机构与平台不断发展，文化研究和美学研究的理论交会和实践影响所产生的思想张力对中国当代美学、文学理论等学科的方法观念产生了强大的冲击，并引发了相关学科的理论反思。

20 世纪 90 年代中国美学中“文化研究”热的兴起既是西方文化研究理论与资源影响中国文学理论批评的结果，同时，更是中国当代美学在特殊历史文化境遇中出现的新现象、新趋势、新发展，体现了美学研究对当下审美文化发展的一种新的判断或描述。文化研究在中国美学界的发生、发展，首先与西方文化研究理论的引进与译介分不开。从 20 世纪 80 年代中后期开始，最早介入文化研究的是一批从事文学理论与美学研究的学者，现在仍然是以这一批学者为主，他们借助于文学理论与美学研究的学科优势把文化研究的理论与方法引入中国。在西方文化研究中具有重要理论奠基作用的英国早期“伯明翰学派”、德国“法兰克福学派”以及以雷蒙·威廉斯、托尼·本尼特等为代表的英国文化研究理论是中国美学界最早接触的西方文化研究理论作品。英国早期“伯明翰学派”的理论家理查德·霍加特（Richard Hoggart）、斯图亚特·霍尔（Stuart Hall）以及英国文学理论家雷蒙·威廉斯（Raymond Williams）等人的《文化与社会》（*Culture and Society*：1780—1950，1958）、《关键词：文化与社会的词汇》（*Keywords*：*A vocabulary of Culture and Society*，1976）、《漫长的革命》（*Long Revolution*，1961）、斯图亚特·霍尔的《电视话语中的编码和译码》（*Encoding and Decoding in the Television Discourse*，1973）、《文化研究：两种范式》（*Cultural Studies*：*Two Paradigms*，1980）等理论著作较早地被引入国内。正是在对这些作品的理论译介中，中国美学研究获得了文化研究的理论参照。除了直接的文化研究的理论著作之外，像马歇尔·伯曼的《一切坚固的东西都烟消云散了》、斯蒂芬·贝斯特等的《后现代理论：批判性的质疑》《后现代转向》、大卫·格里芬的《后现代精神》、约翰·多克的《后现代主义与大众文化》、芬伯格的《可选择的现代性》、马泰·卡林内斯库的《现代性的五副面孔》等著作也被中国学者所关注，这些理论著作进一步强调从哲学、美学的角度阐释西方文学理论的文化研究背景和特征，在传统文学理论研究与后现代主义的对话语境中展现出了深广的哲学视野，这些理论著作或重在理论阐释，或重在思想批判，或重在对话分析，或重在思想建构与解构，体现出了文化研究的理论范式对当代美学研究话语转型的积极作用，它们所揭示的相关理论问题也正是中国当代美学研究所要着重突出的理论观点。

文化研究的兴起还在于中国美学界对文化研究的话语方式的认同及其接受。所谓话语方式的认同和接受指的是中国美学研究在译介西方文化理论过程中，认同和接受西方文化研究理论的观念和方法，主动将西方文化研究理论范式作为美学理论问题研究的话语方式。中国当代美学最早也是从20世纪80年代开始引进西方文化研究的理论话语的。20世纪80年代，中国美学界曾经发生了深刻的理论观念和话语转型，比如，1985年曾被称为“文学方法年”，1986年被称为“文学观念年”，并引发了人道主义的讨论、文艺学方法论的突破、文学主体性问题的论争，科学主义、人文主义探讨等，这些理论探讨体现了中国当代美学试图通过深入的理论论争建立自己的话语体系及其问题框架的努力。但在后来的理论发展中，特别是随着西方文论的整体引入及社会审美文化现实的深入发展，中国当代美学在把握自身的理论问题的过程中开始受到西方文化研究理论话语的影响，并没有将这些理论论争的成果深入总结并贯穿下来，倒是有了一个对西方文化研究理论话语的大范围的接受过程。其中，英国早期的文化研究理论以及法兰克福学派的文化理论是对中国美学理论话语影响最大的理论流派。英国早期文化研究理论著作，如雷蒙·威廉斯的《文化与社会》(1961)、理查德·霍加特的《识字的用途》(1961)，"法兰克福学派"学者的著作，如霍克海默、阿多诺的《启蒙辩证法》、马尔库塞的《审美之维》等，都不同程度地对中国当代美学研究产生重要的影响，他们对待大众文化研究的态度、从事文化研究的理论方法以及话语方式构成了中国当代文化研究的理论来源。无论雷蒙·威廉斯、霍加特以及霍克海默、阿多诺，他们都重视大众文化的研究，大众文化研究孕育了他们的理论形式和范式。但是，对他们来说，大众文化既是研究对象，也是一种"问题式"的文本经验，特别是英国文化研究理论和法兰克福学派，英国文化研究理论是直接从工人阶级大众文化中生长出来的，大众文化是它生发性的根，"法兰克福学派"则是从大众文化的批判中得出理论范式的，大众文化是批判性的生长点。无论是理论范式的生成还是批判性的生长点，它们都是在继承中发展的，是在广泛地回应现实文化经验的过程中实现理论的现实性的，这其实也影响了中国当代美学对文化研究的理论态度和选择，中国当代美学研究积极关注大众文化研究，正是从西方文化研究理论话语中汲取了丰富的理论话语资源。

文化研究的兴起还与中国当代语境中的文学现实和文学经验的裂变有一定联系，特别是当代文学发展中"文学性"的变革，促使文学研究在思维方式、研究方法、知识生产与知识建构等方面做出调整，从而使文化研究的理论范式逐渐渗入文学研究领域，导致文学研究的泛文化转折。在当代语境中，伴随着经济全球化与文化全球化时代的到来，以娱乐和实用为中心的当代文学经验在"文学性"问题上的感官化和消费化的趋势日益明显。文学经验的感官强化是当代"文学性"理解上的非理性倾向，文学研究中的所谓"三还原"（感觉还原、意识还原、语言还原）、"三逃避"（逃避知识、逃避思想、逃避意义）、"三超越"（超越逻辑、超越语法、超越理性)、“不及物写作”“下本身写作”“美女作家”“身体叙事”“肉身冲动”等，就是其集中的表现。文学经验的消费化则直接促使了消费文化的崛起和文学接受的娱乐倾向。市场和消费使文学变成了一种消费和感官享受的对象，也使“文学性”变成了“娱乐之死”的载体。文学经验的感官化和消费化进一步在社会文化生态中制造了文学经验中的实用主义和媚俗主义，也损伤了传统“文学性”问题所包含的经典意识和精英意识。文学与文化生产方式的变化，既产生了中国当代消费文化研究的语境、土壤和对象，同时也促使美学研究不断面对文学和文化现实的复杂层面以及在实践过程中所产生的各种问题，因此出现了各种文化研究的理论观念与研究内容，像媒介研究、视觉文化研究、日常生活审美化理论、图像研究等都与此种背景相关，因而引发了文化研究的抢滩登陆。

文化研究的进展与近30年来中国美学的整体变革几乎是同步发生的，文化研究既是这一理论变革的结果与表征，同时又深刻地融入这一变革之中并起到了重要的推动作用。文化研究是当代美学理论研究中突出的发展趋向，同时也是当代艺术生产的新变化、新趋势，中国当代美学研究已经无法回避文化研究的影响，更需要对这一历史与现实语境做出呼应与判断，把握文化研究语境下中国当代美学理论发展的基本问题也正是中国当代文化研究的价值所在。

二　理论与经验：当代文化研究的理论立场及其学术路径

中国当代美学从20世纪80年代开始关注文化研究，30年过去了，中国当代美学视野的文化研究及其引发的理论热潮仍在持续，文化研究和文学研究的理论交会和实践影响所产生的思想张力正在当下美学研究中产生重要的影响，它所引发的美学研究的文化转向也受到了较多的理论关注，爬梳和整理当代文化研究的理论与经验，把握文化研究的理论立场及其学术研究路径，是探索中国当代美学研究发展历程的一个重要的方面。就基本的理论发展和学术路径来看，中国当代的文化研究的内容及其理论收获主要体现在以下几个方面，首先，对“文化研究”知识谱系、学术背景与实践形式有集中的探讨，梳理了西方文化研究的理论范式特征以及理论创新表现。由于中国当代的文化研究较为明显地受到西方文化研究理论的影响，所以在中国当代文化研究的起始乃至较长的理论发展中，介绍、分析与描述西方文化研究的理论谱系及其理论观念就是一项非常突出的理论工作。可以说，中国当代文化研究的一批领军人物，特别是有过西方学术研究、交流与合作背景与资源的学者更是走在前列。高建平、陶东风、金元浦、罗钢、刘象愚、周宪等一批青年学者是中坚力量，罗钢、刘象愚主编的《文化研究读本》（中国社会科学出版社 2000 年版）是国内较早系统编译西方文化研究理论的著作，对从事文化研究的学者们了解西方的文化研究理论颇具参考价值，至今仍然是文化研究不可回避的文献；陶东风先生较早地翻译介绍了斯图亚特·霍尔、托尼·本尼特、葛兰西等西方文化研究理论家的著作，他的《文化研究：西方与中国》（北京师范大学出版社 2002 年版）从批判性的角度出发，全面深入地探究了西方文化研究理论的起源、背景及其理论范式特征，特别强调从批判性的理论框架展现文化研究中的知识分子研究问题，并最终为当代批判性知识分子尤其是中国批判性知识分子做出了历史性考察，其理论价值至今值得重视。此外，金元浦的《文化研究：理论与实践》（河南大学出版社 2004 年版）、陆扬和王毅的《文化研究导论》（复旦大学出版社 2006 年版）、汪民安主编的《文化研究关键词》（凤凰出版集团、江苏人民出版社 2007 年版）等也对西方文化研究理论及其相关个案研究做了集中的探索，这些理论著作，有些是理论编译，有些是文献整理，有些是研究教材，但都对中国当代文化研究的理论发展起到了重要的作用，对文化研究理论谱系的整理挖掘以及文化研究理论方法的把握有更重要的参考价值。

其次，中国当代的文化研究受到了西方文化研究理论的启发，积极尝试将文化研究的观念和方法纳入中国本土文学研究，同时，积极将文化研究理论引向文化实践和文化分析，试图跨越学院与学科的壁垒，在美学批评实践中凸显了文化研究的理论转向。陶东风的一系列论文《日常生活的审美化与文化研究的兴起》《日常生活的审美化与文艺社会学的重建》《移动的边界与文学理论的开放性》等，提出当代文化视野中日常生活的审美化以及审美活动日常生活化导致了文学生产方式、传播方式及其意义存在阐释的多维度的变化，因此，中国当代美学和文艺学研究应该“正视审美泛化的事实，紧密关注日常生活中新出现的文化艺术活动方式，及时地调整、拓宽自己的研究对象和研究方法”[①]。他的观点，引发了文艺学界的广泛争鸣，赞赏者有之，商榷者有之，有的研究者就提出，陶东风等学者把西方的文化研究概念移植到中国智慧没有对它进行价值判断，“虽然不断指出要对这种现象进行分析，但取消了价值判断之后的分析有可能会让分析或所谓的文化研究变成一种话语游戏”[②]，陶东风就此观点进行了理论回应，此后，仍然有关于“日常生活审美化”问题研究的相关讨论，这些理论论争和讨论都是正面的，具有一定的问题意识，因此对文化研究在中国的理论发展及问题研究的深入是有一定的现实意义的。此外，金元浦的论文《阐释中国的焦虑——转型时代的文化解读》《文艺学的问题意识与文化转向》也在文化研究与文学理论范式转化中做出了积极探索。罗岗、王一川等也借助文化研究的全新视角和思考模式，重视中国当代消费主义文化景观，以及媒介文化发展所带来的文学格局的变化，强调从当代审美与文化实践的现实出发，走向美学理论的文化研究。

再次，提出了文化研究与中国当代美学的知识建构问题，通过文化研究理论，反思了中国当代美学、文艺学知识生产与知识建构中的不足，试图借鉴西方文化研究理论推进文艺学的学科发展。文化研究的理论范式给中国当代美学、文艺学的理论研究带来不可忽视的理论影响乃至学科发展的冲击，因此，从文化研究的理论范式反思中国当代美学、文艺学的理论建构问题是中国当代美学研究的一个重要内容。高建平先生曾将文化研究视为中国当代美学的第三次理论高潮，文化研究“给美学提供着新可能性”[③]，但他也看到了文化研究对于中国当代美学、文艺学知识建构的影响，那就是“在文化研究这样一个模糊的概念下，人们研究着各种各样的

① 陶东风：《日常生活的审美化与文艺社会学的重建》，《文艺研究》2004 年第 1 期。
② 赵勇：《谁的“日常生活审美化”？怎样做“文化研究”?》，《河北学刊》2004 年第 5 期。
③ 高建平：《中国美学三十年》，《四川师范大学学报》2007 年第 5 期。

问题。这些研究，本来都可以成为美学研究补充，但实际上，却成为走出美学的大潮”①。实际上，这也正是文化研究给当代美学、文艺学学科带来的深刻影响，说明中国当代美学、文艺学面临着多种学术资源融会与整合的压力，“在文学理念、思维形式、研究方法、话语体系、表达方式等方面面临着时代与自身理论生命力的双重挑战”②。在这方面，陶东风的论文《反思社会学视野中的文艺学知识建构》、李西建的论文《文化转向与文艺学知识形态的构建》、罗岗的论文《读出文本和读入文本——对现代文学研究和“文化研究”关系的思考》、余虹的论文《文学的终结与文学性蔓延》、段吉方的论文《中国当代文艺学知识建构中的焦虑意识及其价值重建》等都做出了深入的分析。

最后，重视文学研究与文化研究之间的张力互补关系，从文学现象的复杂性和多面性出发，强调对文学研究的文化转向问题保持审慎的理性态度，深入地批判文学研究的泛文化现象，廓清文学研究文化转向所导致的理论迷雾，对当代研究的文化转向做正本清源的思考，对当前美学的学科发展与建设做高屋建瓴的把握。曾繁仁先生在他的论文《当代社会文化转型与文艺学的学科建设》中曾经提出，面对全球化时代文化研究掀起的热潮以及文艺学学科发展现状，首先应该正视我们所面临的当代社会文化转型形势，才能正确地认识文艺学学科当前所出现的争论与今后的发展，由传统计划经济向社会主义市场经济、由农业社会到工业社会以及后工业社会、信息社会、由印刷的纸质文化到网络文化、由知识阶层的经验文化到受众空前的大众文化的转变，分别代表了当代社会、文化转型的主要特征，而文艺学的学科转型则面临的是当代理论的哲学形态的转变，“即哲学领域由古典形态向现代形态转变，表现为由主客二分到有机整体、由认识论到存在论、由人类中心主义到生态中心主义、由欧洲中心到多元平等对话的转变等”③。在这种语境中，文化研究的崛起，导致了传统审美内

① 高建平：《美学的超越与回归》，《上海大学学报》2014 年第 1 期。

② 段吉方：《中国当代文艺学知识建构中的焦虑意识及其价值重建》，《文学评论》2009 年第 5 期。

③ 曾繁仁：《当代社会文化转型与文艺学的学科建设》，《文学评论》2004 年第 2 期。

部的研究方法的解构，这些挑战是一种冲击也是一种机遇，促使文艺学、美学研究面对新时代，改造旧体系，充实新内涵。王元骧先生在他的论文《文艺理论中的“文化主义”与“审美主义”》中对中国当代美学的文化主义和审美主义话语做出了深入的批判，他认为，以消费文化、通俗文化形式出现的中国当代大众文化与传统的通俗文化有本质的区别，二者在接受主体、艺术形式和文化土壤方面有一定的区别，因此，“把这种消费文化作为当今文艺发展的主流和方向，并从根本上来否定审美文化，不仅不可能为现实所承认，而且也与我国的国情相悖”。无论从哪方面来看，文化研究都不可能是我国文艺理论研究的当代形态。① 朱立元先生也对由“日常生活审美化”研究所引发的文化研究与中国当代美学的学科发展提出了自己的意见，他认为中国当代文艺学、美学的学科危机并非是全局性的乃至关乎学科的合法性的问题，有批判地借鉴、吸收文化研究的某些思路、视角、思考方式、研究方法和合理成果，对于文艺学的学科建设是十分必要的，努力借鉴和引进当代西方文化研究的理论和方法，也是很有价值的，但对当前文艺学学科危机的性质、程度以及具体表现等问题的认识，离不开对新时期以来我国文艺学现状的基本估计与判断，“与日新月异的文学实践相比，我们的文学理论缺乏前瞻性，常常朝后看，因而跟不上文学现实的发展。这才是文艺学所存在问题和危机的要害所在”②。李春青也提出，中国当代文学理论的危机主要体现在“对象失控”“失去依托”“新的研究路向的出现”。其中新的研究路向的出现就是文化研究，但他不赞成文学理论让位给文化研究，提出我们今天的文学理论可以吸收西方文化理论的成果，建设新型的文学理论，主要措施包括打破狭隘的学科界限，关注当下的具体问题，而不是空谈理论，坚持平民主义、平等的对话立场。③ 可以说，这些研究成果拓展了中国当代美学、文艺学的理论研究视野，同时对中国当代美学研究的文化转向与文艺学研究的泛文化现象有较清醒的认识，对文化研究与中国当代美学、文艺

① 王元骧：《文艺理论中的“文化主义”与“审美主义”》，《文艺研究》2005 年第 4 期。
② 朱立元：《关于当前文艺学学科反思和建设的几点思考》，《文学评论》2006 年第 3 期。
③ 李春青：《文化研究语境中的文学理论建设》，《求是学刊》2004 年第 6 期。

学的学科发展也有较为明显的理论反思与理论把握，是中国当代研究中值得重视的理论立场。

以上的理论探究也说明，在当代语境中，中国当代美学研究面临文化转向所导致的话语转向的考验，甚至出现了某种理论发展危机的征兆，这种理论的危机可概括为四个方面：（1）随着中国当代审美文化向纵深发展，中国当代文艺学的知识话语、运思方式和理论思维正日益失去对现实文化经验的解析能力，文艺学知识生产和建构已不适合当代文化经验的突变，文学理论的思维方式和表达方式与人们现代文化体验间的距离日益明显，出现了“理论消亡论”的危机。（2）伴随着消费文化的崛起，中国审美文化现实快速进入了一个极度感性化、肉身化和平面化的历史时段，审美文化研究越来越体现出把握当下文化体验的优势，文艺学研究面临文化研究的挑战。（3）当代技术与传媒力量日益发达，传统的文学和文学理论面临着电子媒介的挑战，出现了所谓的“文学消亡论”。（4）本质主义的思维模式影响了文艺学的知识建构和传授方式，文艺学研究存在着“宏大叙事”的困境，文艺学知识生产和建构面临自身理论生命力的危机。①可以说，中国当代美学、文艺学研究要突破理论困境，走出危机，就不能不对文化研究的出现所导致的美学研究种种学理上的分歧以及现象上的困惑做出反思与判断。从这个角度而言，文化研究与中国美学的当代建设既是一种同源语境中的思考，又是一个具有同一性的问题。从理论研究经验而言，在文化研究的簇动下，中国当代美学、文艺学研究出现了复杂的观念变革与方法变革，而且涉及了当代美学、文艺学知识生产与知识建构中的一些核心问题，比如知识格局的陈陈相因、知识体系的凝固封闭、知识培养与传授机制的困境、研究方法的陈旧与失效等，也体现了当代美学知识生产和知识建构格局的复杂性，这些问题正是需要我们在总结文化研究理论经验与价值的过程中认真面对的。

① 段吉方：《中国当代文艺学知识建构中的焦虑意识及其价值重建》，《文学评论》2009年第5期。

三 “文化研究”的本土接受与本土化反思

从中国当代美学研究开始引入文化研究以来，文化研究队伍不断扩大，文化研究的成果也不断丰富。但这并非意味着文化研究已经是一种成熟、稳定的理论形态，在某种程度上，文化研究呈现出的复杂面向以及在实践过程中所产生的各种问题，仍然是中国当代美学研究所要反思的内容。文化研究在中国有着一个广泛的研究队伍，现在这个队伍仍然在不断扩大，但是，这个队伍也是单一的、庞杂的、混成的。从 20 世纪 80 年代中后期开始，最早介入文化研究的是一批从事文学理论与美学研究的学者，现在仍然是以这一批学者为主，当年他们借助于文学理论与美学研究的学科优势把文化研究的理论与方法引入中国，贡献是应该予以肯定的，但就文化研究来说，这既是优势更是短板。从文学理论与美学层面发生的文化研究也意味着它的理论与方法是从文学研究到文化研究的移植过程中横向产生的，而不是真正从文化研究的核心观念、核心范畴、核心方法的内部产生的。从理论范式与方法理念来看，中国当代美学研究的文化研究仍然没有摆脱学理化、学术化、学科化的弊病，甚至在很大程度上还是以西方文化研究的理论转述及其理论旅行为内容的。所以，文化研究在中国美学中在很大程度上仍然是一种理论描述的对象而不是学理建构的内容。正是由于这些因素，当我们面对当代文化研究种种成绩的时候，也应该注意到它也面临着深刻的本土化接受的困境。

其实，从文化研究在中国当代文学理论研究中开始出现的那一天起，它就面临着深刻的本土化问题。所谓“文化研究的本土化”，即文化研究是以一种什么样的理论方式与理论形式融入中国美学理论研究的整体过程的问题，也是文化研究如何与中国文学、美学研究的基本经验与基本问题相契合进而实现理论的现实性问题。文化研究的兴起与西方文论的话语引进是密切相关的，20 世纪 80 年代，西方文论话语的引进是在中国美学面临一个深刻的历史与现实变化的时刻发生的，在文化研究开始引入中国的时候，中国当代美学研究已经经历了一个深刻的话语转型，但是，很多理论观念并没有得到深刻的消化，这时我们迎来了文化研究的高潮。如果说，在20世纪80年代，中国当代美学还有可能通过深入的理论论争建立自己的话语体系及其问题框架的话，但是随着西方文论的整体引入及社会审美文化现实的深入发展，中国当代美学在把握自身的理论问题的过程中无疑失去了恰当的机会。也正是由于这个因素，当我们面对文化研究的本土化问题时，我们应该追问的是包括文化研究在内的西方文论的整体移植到底在多大程度上影响了中国当代美学理论研究的经验意识与问题意识。目前，文化研究正愈演愈烈，美学理论研究的现实性与时效性也在接受种种质疑，在这个过程中，反思文化研究的本土化问题其实也正是一种重新定位与思考的问题，在这里，首先涉及的就是如何继承作为一种思想资源的文化研究的问题。

在当下文化研究正处在如火如荼的时候，如果再去考察“什么是文化研究”这样的问题，有可能会被视为一种多余的思考。在学理的逻辑上，这样的问题应该实时具有它的先行判断和解释。我们不能说中国当代的文化研究还不能给出这样的答案，但至少需要更深入的反思批判。反思如何继承作为一种思想资源的文化研究问题，也正是面向这样一个问题的过程。继承作为一种思想资源的文化研究就是要吸取文化研究的经验，从知识论与方法论的层面上将经验研究与经验方法融入具体研究过程，并将经验作为阐释某些特定文化、文本的方法与路径。在文化研究中，经验是一种理论的再生产，它意味着研究首先基于具体化的过程，其次才上升到学理化的原则。这也就要求我们不能仅仅满足于阐释性分析的理论模式，而是真正将文化研究的理论经验融入中国当下的历史语境与现实经验，在文化经验分析与文化个案分析中实现文化研究的方法精神。

在文化研究刚刚引入中国的时候，学者们曾经担忧文化研究会取代文学研究。现在来看，这种担忧并不是一个严肃的学理问题。因为文化研究影响的是文学研究的内在肌理问题，是文学研究如何进行下去的问题，而不是文学研究能否进行下去的问题，所以，所谓的“取代论”只不过是一种浅表层的假象。无论在西方还是中国，文化研究首先是在文学研究的内部发生的，或者说文化研究是在文学研究的学术谱系上展开的，文化研究在学术传统上与文学研究本身就有着深刻的联系。特纳曾经明确提出，

“文化研究起源于文学批评传统”[①]，美国文化理论家理查德·约翰生也认为，“在文化研究史上，最早出现的是文学批评。”[②]“英国文化研究”就是随着英国文学学科的学术发展而发展的，它与英国文学研究的学术迈进有很大的联系，“英国文化研究”的理论家大多经过了严格的职业化的文学训练，如理查德·霍加特、雷蒙·威廉斯、斯图亚特·霍尔、特里·伊格尔顿，在走上文化研究道路之前，他们的身份都是文学理论家、文学批评家，甚至是作家。“法兰克福学派”的学者也是如此，霍克海默、阿多诺、本雅明等人都曾从事过严格意义上的文学研究，而且取得了很高的造诣。正是文学研究的学术训练和职业培养使这批文化理论家获得了深入社会文化文本所必备的经验。从方法论的角度看，文化研究就是文化个案批判，文化研究的理论就是文化研究的实践。这种方法论精神注重的是具体的文化经验的理解和分析，并试图走出学院化、体制化和制度化约束，所以，它的方法论追求不是为了取代文学研究，而是深化拓展文学研究，也可以说，它仍然有文学研究的理想与期盼。只不过这种理想的实现采取不同的方式，跨学科、反学科、学科交叉、方法融合等都是文化研究的方法论原则，但在这些方法原则中，文学研究仍然是一个重要的内容。落实到具体的方法形式上，典型的如“英国文化研究”的“文化唯物主义”和“民族志”的方法，它们其实都包含着丰富的文学研究的因素。“文化唯物主义”重视文化与生活经验的关系，“民族志”方法则把来源于人类学的方法运用于工人阶级文化经验的分析，这两种方法都是从最基本的经验、个案出发而不是从一定的理论体系和观念出发来考察文化个案、具体的文化经验在文化意识形成中的作用，这其实也正是文学研究的内容，它们在实现了文化研究的目的之后，更丰富了文学研究的内涵。在这个意义上，无论是文化研究，还是文学研究，都未必拥有一种永远不变的理论范式，像雷蒙·威廉斯、理查德·霍加特、托尼·本尼特等这些文化理论

① ［澳］格雷姆·特纳：《英国文化研究导论》，唐维敏译，（台北）亚太图书出版社 2000 年版，第 2 页。

② ［英］理查德·约翰生：《究竟什么是文化研究》，罗钢、刘象愚主编：《文化研究读本》，中国社会科学出版社 2000 年版，第 3 页。

家，他们既在文化研究的理论与实践层面上研究工人阶级大众文化、通俗文化、青年亚文化，并在这个过程中从事文化研究的理论建构与实践探索，但他们也重视文学批评的传统，重视文化与文学的经验研究，他们也研究英国小说，也从事马克思主义文学批评。他们的文化研究其实是立足于文学研究的宏观传统。立足于这个传统其实就是立足于人文学科的整个基础，在这种情况下，文化研究跨越文学研究的边界，文化研究拓展文学研究的范围，也是在另一种意义上复活了文学研究的当代价值。

既然文化研究不能取代文学研究，那么，在中国当代美学、文艺学研究中，片面强调以文化研究全然取代文艺学研究的策略也未必可取，以文化研究的眼光检视文艺学知识生产的缺陷也未必令人信服。在中国当代的文化研究中，学者们希望通过进一步研究将美学、文艺学的知识生产和知识建构历史化、个性化与细节化，希望在当代文化生态与文化格局中拓展文学研究的具体问题。在这方面，对中国当代的文化研究所提出的问题有深刻的理论启发和思想启迪，对当代美学与文学研究的接受语境也有深刻的理论思考。但是，就现实而言，文化研究在把握当代文学经验深层裂变的现实方面仍然存在一定的阐释“瓶颈”。当代文学经验的裂变是在媒介文化、视觉文化、消费文化导致传统文学研究的边界泛化与非经典化过程中造成的，文化研究对扭转传统文艺学研究的本体论思维和方法论观念有一定的冲击力，但在深入当代文学生产方式与文化属性问题上还没有找到合适的途径，在把握当代文学经验裂变的具体过程上还没有展现让人信服的实践。“文化研究”作为一种学科形态和研究视野，关注既定社会的文化构成与文化裂变，重视社会文化系统中的新兴文化事物与文化主体，这些对传统文学研究构成的挑战与压力也在所难免，但是这种压力是文化研究学科学术研究辐射力的正当结果，无论是英国伯明翰学派，还是德国的法兰克福学派，以及“西方马克思主义学派”，他们的文化研究并没有坚持取代文学研究。在文化研究的层面上，文学的本质特征、文学发展规律、文学的语言特性、文学批评原则等问题并非完全是一种理论的“虚构”。而经过了几十年的发展，中国当代美学研究早已形成了自己集中的问题领域，笼统地以文化研究挑战与颠覆传统的美学研究并非能够对这些问题有根本性的深入探讨，这正是文化研究在本土化反思中需要我们认真面对的问题。

经过了半个多世纪的发展，无论西方还是中国，文化研究也在经历理论上的转折与挑战，挑战来自文化研究的学科化趋势，在文化研究刚刚开始的时候，西方文化研究理论家约翰生曾直言不讳地说："文化研究就发展的倾向来看必须是跨学科的。"① 特纳也曾经指出，"文化研究不仅是某种跨学科的领域，也是许多问题关切点和不同方法交互汇流的领域。""如果有人将文化研究视为一种新的学科领域，或者将文化研究当作某种学科领域的排列组合，将会造成一种错误。"② 但是，现在，文化研究已经有了专门的研究机构和研究课题，文化研究也有了学科化的规划，已经形成了一种准学科的形式，当初坚决寻求从学院、学科、制度、规范中独立出来的文化研究，现在又面临着被再度学院化、学科化、制度化的危机。从跨学科的动力发展而来的文化研究曾经给文学研究带来了新的转折路向，如今文化研究重走学院化和学科化的路子，在这种情形下，文化研究要想全面把握中国当代美学、文艺学研究的理论问题，实现理论上的全盘胜利其实也就成了一个不现实的话题。但是，就在文化研究引入中国当代美学理论过程中引出的中国当代美学、文艺学的学科发展问题却应该引起关注。在当下，美学研究的重要任务及其理论责任就是要尊重中国当代的审美文化现实，在充分把握审美文化现实经验的过程中实现理论对象化现实的能力和任务，这正是中国当代美学研究所要实现的理论责任。在当下，各种新兴文化经验的发展为各种异质文化因素的成长提供了可能，也为当代美学研究的具体问题的接受语境缔造了感官化和非理性化的审美变异的空间，但不影响包括文学经典在内的当代审美文化仍然有深入人心的可能。文化研究的价值维度在于美学理论面向现实的精神，展现的是美学与文化理论研究融入现实经验，解决现实问题的实践主张，在当代语境中，

---

① ［英］理查德·约翰生：《究竟什么是文化研究》，罗钢、刘象愚主编：《文化研究读本》，中国社会科学出版社 2000 年版，第 9 页。

② ［澳］格雷姆·特纳：《英国文化研究导论》，唐维敏译，（台北）亚太图书出版社 2000 年版，第 4 页。

我们强调文化研究就应该基于这样的立场。从学理的眼光来看，文化研究的出场体现了某种文学研究传统在一定历史现实中的裂变过程，同时也在这个裂变中折射出了文学研究的当代选择。正如詹姆逊所言，“文化研究代表了一种愿望，探讨这种愿望也许最好从政治和社会角度入手，把它看作是一项促成‘历史大联合’的事业，而不是理论化地将它视为某种新学科的规划图。”① 中国当代的文化研究也需要这样的理论定位，继承作为一种思想资源的文化研究，回到那种“问题式”的语境中，强调文化经验与理论建构相互作用的过程与形式，从而走出那种“理论化”的文化研究和文化实践的困囿，进而释放文化研究的理论价值，这正是中国当代美学研究应该重视的理论前行的方向。

① ［美］弗雷德里克·詹姆逊：《快感：文化与政治》，王逢振等译，中国社会科学出版社1998年版，第399页。

第二章

“后”语境与中国当代文学理论的审美现代性问题

“‘后’语境”是一种较宽泛的说法，它一般指的是西方20世纪60年代以来兴起的“后现代主义”“后殖民主义”等文化思潮所产生的语境特征，也被称为“后学”（post-ism）研究。作为一种语境特征（Context Characteristics），“后”具有如下的理论意味：其一，它不尽是一个历史时期的概念，不总是被理解为“现代”之“后”的某个时代或“后”于“现代”的某个时期；其二，它是一个超越时间上的持续性之外的一个范畴，既带有历时性，又带有共时性，历时性使它充满了历史意蕴，共时性使它充满了思想张力；其三，在共时性的思想张力中，它体现为一种特有的思维方式、理论观念和研究方法，是在质疑和反抗以往哲学传统基础上的整体理论范式的变革。从这些理论意味出发，“‘后’语境”既包括传统“语境”概念的含义，又在哲学文化视野中超越了“语境”概念的语言关系特征，它在整合与提炼“后现代主义”“后殖民主义”等“后学”思潮的基础上表现为一种特有的理论、思维、观念和方法的话语环境。从这个意义上而言，“‘后’语境”本身代表了一种思维方式和理论观念的展开方式，当它与具体的理论问题相遇之后，它提供的不仅仅是一种社会背景和语言环境，它自身包含的思维方式和理论观念内在地融入理论问题的研究过程之中。“‘后’语境”下的中国当代文学理论研究的学术发展史也具有这样一种学术特性，“‘后’语境”与中国当代文学理论研究的关联问题不仅仅是“后现代主义”“后结构主义”“女性主义”

“新历史主义”“后殖民主义”等具有“后学”色彩的理论思潮的影响与接受问题，在更深层次上它与中国当代文学理论观念的变迁是互为创生的。从学术史的眼光来看，“后现代主义”等“后学”思潮的方法、观念部分地被中国当代文学理论所接受、阐释和应用，从而导致了中国当代文学理论研究在整体知识生产和知识建构层面上的变革，文学理论研究在思维方式、理论观念、语言表达、批评实践等诸多层面上发生了深刻的变化，甚至影响了文艺学学科的发展态势与走向，尽管这期间的观点各异，理论取向与理论应用的方式也比较复杂，但是“后学”思潮的引进、“‘后’语境”的影响与散布所导致的理论范式的变革是明显的。就目前而言，“后学”思潮和“‘后’语境”的散布与影响仍然与中国当代文学理论研究的现实发展处于同步进行之中，因此更加需要我们做出客观的分析。

第一节 选择与借鉴：“后”语境与中国当代文学理论的接受取向

从20世纪80年代开始，中国当代文学理论界开始有选择地引入“后现代主义”“后结构主义”“女性主义”“后殖民主义”等“后学”理论思潮。在近20年的时间内，中国当代文学理论界不仅完成了一个“后学”思潮的引介与接受过程，而且完成了一个理论观念的相遇、选择、接受、借鉴以及应用影响的过程。由于社会历史语境、文化哲学传统、文学体验方式以及文学研究方法的差异，“后学”思潮与中国文学的相遇过程不可避免地产生了多重的接受矛盾，甚至迄今为止仍然显示出理论融通与对话的困境，尽管如此，近20年内中国当代文学理论仍然对“后学”思潮给予较多的关注，因此导致的中国当代文学理论研究的整体格局的变化也是明显的。

像其他任何一种理论思潮在中国的传播、接受、影响的过程一样，近20年内“后学”思潮在中国文学理论界的理论旅行与传播影响也有一个复杂的过程。这期间，虽然有特殊文化开放与理论变革高潮时期所带来希冀、憧憬、惊奇、怀疑、排斥、批判等多重接受心理导致的接受取向混乱的一面，但从学术史的眼光来看，我们仍然可以发现一种具有阶段性特征的接受轨迹。从整体来看，这种接受轨迹可以分为以下三个历史时段：

一 “后学”思潮的初步介绍与引进时期

20 世纪 80 年代，中国当代文学理论开始对“后学”思潮进行初步引进与介绍，一直到 20 世纪 90 年代初，中国当代文学理论研究者在这方面做了大量的工作。最早介绍“后学”思潮的是外国文学与外国文学理论研究领域中的一些学者，因此，“后学”思潮在中国最早的理论旅行是从中国学者关注“后现代主义小说”等文学文体形式的革新与创造开始的。“后现代小说”是第二次世界大战的产物，战后很多西方作家从深重的社会矛盾中感受到了精神世界的荒芜与痛苦，科技的发展、技术的进步带来了物质生活的完善，但也造成了现代社会与传统的割裂，20 世纪 60 年代以来西方社会在感受现代社会物质发展的同时，也经受了历史错位所导致的心灵挫折和精神创伤。战后的“后现代小说”深刻地揭示了这种历史与文化境况，在博尔赫斯、卡尔维诺、纳博科夫、品钦、冯内古特、苏克尼克、索尔·贝娄、库弗、厄普代克等人的笔下，这种精神困惑得到了深刻的揭示。同时，在他们的作品中，“后现代小说”的文体形式方面的变革特征也非常明显。他们的作品打破了一直以来文学创作的传统的形式特征，在小说的叙事模式、形式技巧等方面打破了故事的连续性，讲求文本的自我展现、文字的戏仿、素材的编织和缝合等特征。对于中国 80 年代初期的文学创作来说，“后现代小说”展现了一种新的文学实验，在当时引起了中国文学界极大的兴趣。1979 年《世界文学》杂志率先翻译评介“后现代小说”，汤永宽先生摘译了索尔·贝娄的长篇小说《赛姆先生的行星》，随后在 1980 年，《外国文学报道》也介绍了美国的几位后现代小说家，同年，《读书》以及《外国文学报道》杂志发表了董鼎山的两篇文章《所谓后现代主义小说》和《后现代派小说》。1983 年《读书》杂志再次发表了董鼎山的文章《六十年代以来的美国小说——“后现代主义”

及其他》，1987 年《世界文学》第 2 期推出了“后现代主义”文学专辑，发表了董鼎山的《“后现代主义”小说》、钱青的《当代美国试验小说的技巧》等文章。董鼎山在文章中从“自我”意识、形式结构、文学虚构等方面对“后现代小说”的特点进行了归纳，这是中国学界较早系统地评介“后现代小说”特征的文献。在这一时期，中国文学界对“后现代小说”进行了大量的引进和介绍，但是总的来看，此时的研究工作仍然停留在对“后现代小说”的社会背景、形成过程、创作特征等方面的探索阶段，无论是从数量上，还是从后现代主义的精神特性上，尚未形成整体宏观和深度探索的理论水平，可是，这一时期的译介工作仍然具有重要的意义，为后来“后现代主义”在中国学界的理论旅行奠定了接受的基础。

与“后现代小说”在中国译介传播不同的是，中国当代文学理论界对作为一种文学思潮的“后现代主义”的接受从一开始就体现了整体接受的特征。这一方面是由于“后现代主义文化思潮”与“后现代小说”这两种文学概念存在着一定的内在差异，作为一种文学形式与文体特征，在对“后现代主义小说”的接受与描述中，中国学界主要关注的是它的文体特征和形式技巧，而对“后现代主义文化思潮”，中国学界在接受过程中则从一开始就体现出了对它的社会语境、哲学基础、理论观念、思维形式、精神内涵等方面的整体探索；另一方面，“后现代主义文化思潮”在中国的传播并引起学界关注，还在于西方后现代主义理论家在中国的访问交流所直接催生的理论热潮，比如，1983 年，后现代主义理论家哈桑曾到山东大学讲学，1985 年，杰姆逊在北京大学开设了“后现代主义与文化理论”的讲座，1987 年国际比较文学学会主席佛克马又到南京大学作了关于后现代主义的学术报告。可以说，这些理论家在中国理论界的“直接出场”为“后现代主义文化思潮”在中国理论界的整体接受起到了直接的催生作用。所以，在这一时期，相比文学领域中的“后学”思潮的介绍和引进而言，文学理论界无论是从数量、声势、重视程度还是影响上都明显大得多。如果说，在这一时期，“后现代小说”在中国学界的评介与引进引起的只是学界对“后学”思潮初步的感性的文学体验的话，那么，随后理论界的研究工作引起的则是对“后现代主义”整体文化精神的重视，因此它的意义更加明显。

中国当代理论界对“后学”思潮的引进集中在“后现代主义文化思潮”的焦点上，在某种程度上，它不仅仅是中国当代文学理论家的自觉行为，更与20世纪80年代以来中国学界对西方文化观念的整体引入所导致的文化热潮和理论热度有关。在80年代中期以前，中国理论界对“后现代主义”的评价还处于一种零星的个别介绍阶段。1982年和1983年，袁可嘉先生分别在《国外社会科学》杂志和《译林》杂志上发表了《关于“后现代主义”思潮》和《后现代主义》的文章，是较早地整体地直接介绍后现代主义文化思潮的学术研究。后现代主义文化思潮在中国的广泛引介是在80年代中期以后的事情，特别是与1985年中国当代文学理论界的“文化热”和“方法论”论争密切相关。1985年美国杜克大学杰姆逊教授访问北京大学，首次向中国介绍西方后现代文化，次年杰姆逊的讲演《后现代主义与文化理论》[①] 在中国出版界产生了极大的影响。同年，《后现代主义与文化理论》的翻译者唐小兵在《读书》杂志发表了对杰姆逊教授的访谈《后现代主义：商品化和文化扩张》，1987年《外国文学》杂志连续发表了他对詹姆逊等人的介绍，为中国理论界认识“后现代主义”提供了一定的理论借鉴。1988年，英国学者特里·伊格尔顿的《当代西方文学理论》由中国社会科学出版社出版，1989年赵一凡先生翻译了美国学者丹尼尔·贝尔的《资本主义文化矛盾》，1988年佛克马、易布思合著的《二十世纪文学理论》由三联书店出版，这些理论著作不同程度地涉及了后现代主义文化理论，特别是丹尼尔·贝尔的《资本主义文化矛盾》对后现代主义文化理论的社会背景、文化根源、文化表征的分析曾经成为当时理论界认识后现代主义文化的主要理论参照。在这一时期，还有一些研究者从中国当代文化实践的角度对后现代主义文化理论进行分析，主要有沈金耀发表于1989年的《试析近年来小说中的后现代主义》[②]、王宁和陈

① ［美］弗·杰姆逊：《后现代主义与文化理论》，唐小兵译，陕西师范大学出版社1986年版。

② 沈金耀：《试析近年来小说中的后现代主义》，《小说评论》1989年第2期。

晓明的《后现代主义与中国当代先锋文学》①、陈晓明的《现代主义意识的实验性催化——“后新潮”文学的“意识”变迁》等。② 虽然从整体上看，这一时期中国当代理论界对后现代主义的接受仍然处于引进和评价的初期，但是也表明理论界已经认识到了后现代主义文化理论的重要性，同时也展现出了一定的理论接受的热情，这为后来“后学”思潮在中国的全面引进和接受奠定了基础。

二 “后学”思潮的全面引进与批评论争时期

经过了20世纪80年代以来的初步引进与介绍，到了20世纪90年代，中国文学理论界对“后学”思潮更加表现出了极大的关注，整个20世纪90年代是“后学”思潮在中国理论界蔚为壮观的时期。这一时期，文学理论界对“后学”思潮的热情展现出了以下几方面的特征。首先，文学理论界对“后学”思潮的关注从作为一种整体的“后现代主义”文化思潮开始转向对后现代主义、后结构主义、女性主义、新历史主义、后殖民主义等普遍具有“后学”特征的具体的理论思潮的关注，理论引介和接受的范围更加扩大了，同时理论研究的聚焦和学派研究的趋势也更加明显了。其次，中国当代文学理论界对“后学”思潮的研究已经超越了单纯的引介和评述层面，综合研究的学术接受取向更加明显。再次，“后学”思潮的理论观念和思维方法开始影响中国文学理论界的学术研究过程，“‘后’语境”对中国当代文学理论研究格局的影响日益明显，“后学”思潮的理论应用实践也逐渐出现。最后，“后学”思潮的学术研究不断升级，学术会议不断召开，中国文学理论界与西方学界的理论对话与呼应开始呈现，并展示了复杂的理论格局，批评论争不断出现。

20世纪80年代，中国文学理论界对“后学”思潮的引介与认识还停留在杰姆逊、佛克马、哈桑、伊格尔顿、丹尼尔·贝尔等少数后现代主义理论家的身上，对“后学”思潮的精神特征的分析也比较集中地聚焦于作

---

① 王宁、陈晓明：《后现代主义与中国当代先锋文学》，《人民文学》1989年第6期。

② 陈晓明：《现代主义意识的实验性催化——“后新潮”文学的“意识”变迁》，《当代作家评论》1989年第3、4期。

为一种整体的后现代主义文化理论上，到了20世纪90年代，中国学界对“后学”思潮引进和评价的范围更加广阔，后现代主义、后结构主义、女性主义、新历史主义、后殖民主义等普遍具有“后学”特征的理论思潮和流派都得到了充分的重视，弗·杰姆逊、利奥塔、拉康、德里达、福柯、哈贝马斯、斯潘诺斯、海登·怀特、库恩、罗兰·巴特、哈桑、伊格尔顿、克利斯蒂娃、赛义德、霍米·巴巴、保罗·德·曼、米勒、博德里亚等一大批理论家的著作陆续翻译出版，他们的理论观念广为传播，一大批译介、研究后现代主义的论著也相继问世，《走向后现代主义》（佛克马、伯顿斯编，王宁等译，北京大学出版社1991年版）、《后现代主义文化与美学》（王岳川、尚水编，北京大学出版社1992年版）、《后现代主义》（《世界文论》第2辑，中国社会科学院外国文学研究所编，社会科学文献出版社1993年版）、“知识分子图书馆”“后殖民批评”“女性主义批评”“新历史主义批评”等专辑的译作不断推出；中国学者的理论研究著作，如盛宁的《人文困惑与反思——西方后现代主义思潮批判》、王岳川的《后现代主义文化研究》、王宁的《多元共生的时代》《后现代主义之后》、王治河的《扑朔迷离的游戏》、张颐武的《在边缘处追索》、陆扬的《德里达——解构之维》、陈晓明的《解构的踪迹》《无边的挑战》、徐贲的《走向后现代与后殖民》等，都从不同的角度深化了对“后学”思潮的研究。同时，在这一时期，中国理论界、小说界、电影界也召开了多次以“后学”研究为主题的研讨会，极大地拓展了后现代文化理论研究的理论视野。

20世纪90年代，“后学”思潮在文学理论界形成高潮，一时间也使“后学”研究成为理论界的争论话题，对“后学”思潮的不同认识也引发了诸多的辩论。有的研究者积极高调地研究“后学”思潮，积极将“后学”思潮与中国文学实践相联系，并积极从事文本阐释的研究工作，如陈晓明；有的研究者则坚持客观冷静的态度，从容地分析“后学在中国”所产生的多维多面的问题，如王一川；也有的学者一如既往地坚持对“后学”思潮做长期译介传播工作，并积极呼应西方“后学”的理论问题，如王宁。但更多的研究者对“后学”思潮保持了审慎以及批判的态度，更加强调理论研究中的问题意识与中国语境，对“后学在中国”的问题的正当性、合法性和有效性保持了怀疑的目光。这种客观审视的态度也让中国文学理论界对“后学”思潮保持了一份最终的学术底线，使“后学”思潮所标榜的否定性、非中心化、破碎性、拆解固有结构、反正统性、不确定性、非连续性以及强调多元化、大胆地标新立异、反权威、反基础主义、非理性主义主张没有完全地渗透到中国文学理论研究的血脉之中，批评论争既有充分的必要性，同时又有着难得的理论收获，它在展现了不同价值立场和选择方式的差异之后，也客观地使“后学”思潮在中国文学理论界高涨的接受热情与阐释热情转化为一种重视语境分析的学术态度，虽然中国文学理论界最终无法完全抵抗“后学”思潮的理论影响，作为一种文化语境的“后学”思维仍然会在长时期内影响中国文学理论研究的走向，但是，毕竟中国当代文学理论研究并没有亦步亦趋地走向对“后学”思潮的简单认同，批评论争也会让中国当代文学理论研究更加真实地关注文学理论的本土性问题。

三 “后学”理论的落潮以及“‘后’语境”的形成时期

由于20世纪90年代中国文学理论界率先引介后现代主义等“后学”思潮，这使得“后学”思潮迅速地进入了中国思想界和知识界的主要领域。整个90年代，在“后学”思潮的传播中，中国当代文学理论界也经历了一个前所未有的理论热潮的高涨时期。但是，这种局面迅速地随着后现代主义文化理论在西方的衰落而归于平寂。从20世纪90年代末到21世纪初的这几年，中国当代文学理论界对“后学”的热情也逐渐衰退。这种状况的形成大致有两方面的原因：一方面，作为一种异域思潮，“后学”在西方有一个自然而然的理论发展过程，当“后学”在西方走向理论衰落之时，中国文学理论界对它的引介和阐释自然也随之降温；另一方面，经过了近十年的大规模的引介，中国文学理论界也需要一个逐步消化的过程，而且西方文化思潮与中国问题以及中国语境的阐释间隔也需要中国文学理论界有一个较长的清醒反思时期，我们要反思西方“后学”思潮对我们的理论启发，我们要更准确地寻找“西学”与中国文学理论研究与实践的关节点而不至于流于一贯的介绍评价，因此，理论热度的减退与理论研究格局的平寂在某种程度上也正是一种反思的结果。但是，理论的落潮并不意味着“后学”理论就消失于中国理论研究的视野，经过了近十年的理论译介和引入，“后学”理论仍然对中国文学理论的整体发展产生重大的影响和作用，虽然在理论研究的焦点上我们不再把“后学”研究作为直接、正面的内容，但“后学”思维与观念仍然影响着文学理论研究的格局和走向，由此形成了一个潜在的“‘后’语境”也是自然的，“后学”理论的落潮之时，也是“‘后’语境”的生成之时。

“‘后’语境”的产生首先表现为中国文学理论界仍然对西方“后学”理论的走向予以关注。当“后学”理论在西方衰落之时，中国理论界也开始关注这个现象，有关“后理论”“理论之后”“意识形态终结”的论著开始问世，如伊格尔顿的《理论之后》、丹尼尔·贝尔的《意识形态的终结》、福山的《历史的终结及其最后之人》、阿瑟·丹托的《艺术终结之后》、汉斯·贝尔廷的《艺术史的终结?》以及保罗·德·曼的“抵抗理论”的呼声、斯坦利·费什的“反理论”观念、苏姗·桑塔格的“反对阐释”的意识、理查德·罗蒂的“后哲学”文化观念等，都受到了极大的重视。王宁的《“后理论时代”西方理论思潮的走向》、周宪的《文学理论、理论与后理论》等论著都对“后理论”的问题进行了深入的阐释。其次，“‘后’语境”的生成还体现为一种理论的衰落所导致的危机意识。在西方“后学”思潮逐渐衰落之后，西方学界理论“终结”的声音不绝于耳，不但理论被判为“终结”，甚至还出现了文学的“终结”，一时间“小说的危机”“理论的死亡”“文学的终结”以及由此导致的文学理论的学科危机不断出现。2000年金秋，美国学者J. 希利斯·米勒在北京召开的“文学理论的未来：中国与世界”国际学术研讨会上发出了“文学终结”的声音①，引起的旷日持久的争论正说明了“‘后’语境”下的中国文学理论仍然难以规避“后学”思维的潜在影响。最后，“‘后’语境”的生成还表现在理

① ［美］J. 希利斯·米勒：《全球化时代文学研究还会继续存在吗?》，《文学评论》2001年第1期。

论阐释与文学研究视角上的“后”学思维，诸如“后革命”“后叙事”“后先锋”“后历史”等种种研究主题正方兴未艾，这正说明了“‘后’语境”对中国当代文学理论研究的影响已经转化为一种“再叙事”的努力，这也意味着经过了近十年的理论热潮之后，中国文学理论界其实并没有完全抛弃“理论”，也更没有完全放弃对“后学”思潮的关注。在某种程度上，这种“‘后’语境”的生成将比“后学”理论高潮时代的影响还要大得多，这也正是我们还不能完全拒斥西方“后学”研究的原因。

第二节 转折与变革：“后”语境下中国当代文学理论范式的转变

20世纪90年代以来，随着“后学”思潮的引进以及“‘后’语境”的形成，中国当代文学理论进一步突破了传统的理论范式，研究格局与态势发生了重大的变化，作为人文学科的文艺学研究也在“‘后’语境”中体现出了新的问题与挑战，因此也展现了理论范式的转变特征。

“‘后’语境”下中国文学理论范式的转变是一个孕育“危机”，同时又在“危机”中发生重要的范式转型的过程，“克服危机的过程与解决和回答现存的问题是同步的”①。“后学”思潮的引入在引发了中国的理论热潮之后，其内在的思维方式和理论观念以及研究方法必然引起了中国当代文学理论观念的变革，使中国当代文学理论在文学理念、思维形式、研究方法、话语体系、表达方式等方面逐渐摆脱了传统理论思维的局限。但是，在“后学”思潮的影响下，中国当代文艺学也面临着多种学术资源融会与整合的压力。“‘后’语境”下的多重理论观念，如后现代主义、女性主义、新历史主义、后结构主义、后殖民主义等既是理论思潮与批评方法，同时又是知识生成的方式与理论建构的形式，这些理论思潮在融入中国当代文学理论生产过程中引发了中国文论话语在思考方式、话语表达乃至理论生态、理论体系、理论建构上的危机，中国当代文学理论中的“失

① 李衍柱：《范式革命与文艺学转型》，《社会科学辑刊》2005年第2期。

语症”问题、文学边界问题、“文学消亡论”等内在地展现了“‘后’语境”中中国文论面临的挑战，“文艺学危机论”更是展现了中国文论在“后学”思潮面前所面对的压力。有的学者提出：“文学边缘化不等于文学终结”，文学是人类情感的表现形式，只要人类的情感还需要表现、宣泄，那么文学这种艺术形式就仍然能够生存下去。[①] 也有的学者认为，媒介与技术的发展，使文学可能失去了其作为特殊研究对象的中心性，但文学模式在向社会各个文化层面渗透中仍然会获得新的存在形态；[②] 图像社会的出现，文学受到威胁，但“图像社会”的出现尚不足以使文学消亡，“文学的未来将为它自己优越而深刻的本性所指引”[③]。这些乐观的探索固然重要，但正像有的学者提出的那样，当代文艺学面临的危机不只是表层的、文学形态意义上的危机，更根本的还是文学本质或文学精神意义上的危机，是一种深层的危机，表现为传统文学所培养起来的文学性阅读的弱化，理性思维与想象感悟能力的萎缩，尤其是精神审美超越性的丧失。[④] 从这个意义上讲，文学理论的范式转型其实也是对文艺学学科的当代处境的一种检验，中国文论是否能够承受“后学”思潮所造成的语境压力仍然是文学理论范式转型中的问题。

认识到了这个问题，其实也就是面向了“‘后’语境”文学理论研究范式的根本问题，那就是在“后学”思潮的影响下，中国当代文学理论研究逐步转变了文学研究的“理论化”的态度，在文学研究的哲学基础、体系建构、价值观念、方法原则、实践过程中进一步调整了视野与姿态，在理念与经验、本质与现象、整体与过程、综合与个案等多层次的研究模式和分析格局中加强了审视与评判的力度，从而使文学理论研究强化了面向具体文学事实的能力。这首先体现在文学研究观念与理论思维方式上的转向，其次表现为对文学研究方法原则的重视与提升，再次表现为批评实践

① 童庆炳：《文学独特审美场域与文学入口——与文学终结论者对话》，《文艺争鸣》2005年第3期。

② 余虹：《文学的终结与文学性统治》，《问题》第1期，中央编译出版社2003年版。

③ 彭亚非：《图像社会与文学的未来》，《文学评论》2003年第5期。

④ 赖大仁：《文学“终结论”与“距离说”》，《学术月刊》2005年第5期。

形式和价值观念上的多元选择。童庆炳先生认为，20 世纪 90 年代以来，中国文论开始了“综合创新”的时期，这一时期的中国文论体现了“多元共生”的特征，文学研究视角层出不穷，文学观念进一步多样化，每一种视角的背后几乎都存在一种文学观念。[①] 李衍柱先生则直接认为文学研究观念变化的结果是“逐渐摆脱了前苏联的‘马克思主义文艺学’范式，由革命的文艺学转变为建设的文艺学”[②]。这些看法都深入地揭示了中国当代文学理论研究在理论观念与思维方式上的变化。而实际的情形是“后学”思潮的反本质主义、反对宏大叙事、反传统、多元化的立场对中国文学理论研究的理论观念和思维方式有所促进，其中“反本质主义”思维方式对中国当代文学理论研究的影响最为明显，引起的争论也较多。“反本质主义”涉及了当代文艺学研究中的一些核心问题，比如文艺学知识格局的陈陈相因、文艺学知识体系的凝固封闭、文艺学知识培养与传授机制的困境、文艺学研究方法的陈旧与失效等，这些思考曾被归结为“各种关于‘文学本质’的元叙事或宏大叙事为特征的、非历史的本质主义思维方式严重地束缚了文艺学研究的自我反思能力与知识创新能力”[③]。对于这一问题，中国当代文学理论界表现出了各种不同的意见，[④] 这些意见既指向了中国当代文艺学研究的本体论困惑，同时也指向了文艺学研究的“‘后’语境”问题。当代文艺学研究中的“反本质主义”问题的争论从深层次看是体现了普遍化与本质化的知识生产和知识建构格局与当代文学理论研究具体问题之间的距离，隐含的是对文学理论研究观念和思维模式的深刻反思。在这种反思中，“‘后’语境”下的文学理论研究观念以及具体实施过程的研究受到了较多的关注，如伊格尔顿在《当代西方文学理论》中对西方文学理论的研究，卡勒的《文学理论》对文学本质的分析，韦勒克、沃伦合著的《文学理论》在文学“内部研究”上的观念等，这

① 童庆炳：《新时期文学理论转型概说》，《江西社会科学》2005 年第 10 期。

② 李衍柱：《范式革命与文艺学转型》，《社会科学辑刊》2005 年第 2 期。

③ 陶东风主编：《文学理论基本问题》，北京大学出版社 2004 年版，第 1 页。

④ 钱中文：《文学理论反思与“前苏联体系”问题》，《文学评论》2005 年第 1 期；王元骧：《文艺理论中的“文化主义”与“审美主义”》，《文艺研究》2005 年第 4 期；方克强：《文艺学：反本质主义之后》，《华东师范大学学报》2008 年第 3 期。

些理论著作与理论研究至今仍然对中国文学理论研究的现实有积极的参照作用。

倡导“反本质主义文艺学”的研究者希望进一步将文艺学的知识生产和知识建构历史化、个性化与细节化，其中正是蕴含了“‘后’语境”下文学理论研究的启发。但是，从整体上看，文艺学研究观念与理论思维方式的范式转型是一个复杂和深刻的变化，它不仅仅体现在主导性文学研究观念和理论思维模式上的变化，更体现在对文学研究方法原则的重视与提升。在20世纪80年代中期，中国理论界曾经兴起过“方法论”研究热潮，在那场热潮中，西方文学理论与批评界自19世纪末20世纪初的文学批评方法，如形式主义、新批评、心理分析、原型批评、结构主义等受到了中国文学理论界的重视。20世纪90年代以来，中国文学理论界再度掀起了“方法论”研究的高潮，这一次的“方法论”研究相比上次有更加深刻的变化，这主要体现在两个方面：一方面，20世纪90年代的“方法论”研究热潮，主要接受的是“‘后’语境”中的文学方法论；另一方面，此时期的文学方法研究开始将“方法”的研究提升到了“方法本体”的层面上，因此它产生的理论反响更加深刻。

20世纪60年代以来西方“‘后’语境”中的各种文学理论观念无不具有深刻的“方法论”主张和明显的“方法本体”特性。拿解构主义来说，解构主义的立场和它的方法有着极端的同一性，它在语言的立场上对文本自足世界的解构从而对西方强大的“语音中心主义”和形而上学传统构成挑战，它追寻的那种“永不停息、永不满足的运动的感受”[1] 本身蕴含了一种坚持“不可确定性”的方法论哲学。在西方“后学”思潮中，解构批评的方法蔓延深广，可以说，几乎所有的“后学”思潮都曾感染了解构的特征。中国当代文学理论研究在接受和借鉴后学“思潮”的过程中，也不可避免地接受了它的方法原则。从20世纪90年代以来的文学理论研究格局来看，方法层面的探索占了很大的比重，陈晓明、王一川、王

① ［美］J. 希利斯·米勒：《重申解构主义》，郭英剑等译，中国社会科学出版社1998年版，第132页。

岳川、南帆等一批学者率先在他们的批评实践中将西方文学批评的方法原则应用于批评实践，出版了《无边的挑战》（陈晓明著，时代文艺出版社1998年版）、《剩余的想象》（陈晓明著，华艺出版社1997年版）、《表意的焦虑》（陈晓明著，中央编译出版社2002年版）、《文化话语与意义踪迹》（王岳川著，四川人民出版社1997年版）、《后殖民与新历史主义文论》，（王岳川著，山东教育出版社1999年版）、《通向本文之路》（王一川著，四川人民出版社1997年版）、《汉语形象与现代性情结》（王一川著，首都师范大学出版社2001年版）、《文学的维度》（南帆著，上海三联书店1998年版）、《隐蔽的成规》（南帆著，福建教育出版社1999年版）等一批注重西方文学批评理论方法研究的著作，以及《文艺学美学方法论》（胡经之、王岳川主编，北京大学出版社1994年版）、《文艺学与方法论》（冯毓云著，黑龙江教育出版社1998年版）、《文艺学方法通论》（赵宪章著，浙江大学出版社2006年版）、《批评美学》（徐岱著，学林出版社2003年版）等一批优秀的方法论研究著作。在中国当代“先锋文学”“新历史小说”等文学创作实践分析中，“‘后’语境”中的方法论弥补了中国传统批评方法的不足之余，更使中国文学批评理论范式在方法层面上拓展了研究视野，深化了文本研究的空间，从而在新的理论语境中展现了文学理论研究突破原有理论范式的努力，它最主要的影响不仅仅是在切入文学问题方式上的多元思考，方法本身的力量更蕴含在文学理论范式变化的过程之中。

批评实践形式和价值观念上的多元选择是“‘后’语境”下中国文学理论研究范式转型的又一个表征。在文学理论研究中，批评实践的价值判断问题向来是一个复杂而重要的问题，将价值论维度引入文学理论研究意味着文学理论研究的理性选择和精神追求。20世纪90年代以来，中国当代文学理论在审美价值问题的研究中取得了重要的成绩，敏泽、党圣元的《文学价值论》（社会科学文献出版社1999年版）、杜书瀛的《价值美学》（中国社会科学出版社2008年版）、李咏吟的《价值论美学》（浙江大学出版社2009年版）是这方面的代表作。但是，随着“后学”思潮的涌入，中国当代文学理论研究在价值探讨中面临着深刻的挑战。一方面，后现代主义、解构主义等对现代主义的一元论、客观本质、永恒真理、绝对基础、纯粹理性、终极意义等价值观念的质疑影响了中国当代文学理论研究与批评实践的价值立场的选择；另一方面，在“后学”思潮的影响下，中国当代文学语境中价值批判问题也面临着自身文化发展的挑战，非理性写作、欲望叙事、身体写作、消费文化等种种感性形式影响着文学写作与文学研究的实际状况。在这种历史语境中，中国当代文学理论研究在价值评判的立场和方式上也发生了复杂的变化，体现出了对“‘后’语境”的复杂的呼应。这种呼应一方面是以文学理论与批评的多元化态势表现出来的。在“‘后’语境”的影响下，中国当代文学理论在批评价值判断上也部分地展现出了对后现代主义等“后学”思潮所标榜的价值观念的信奉；在批评理念上展现出了对主体价值的零散化和去中心立场的追求；在文本解读中赋予文学批评以消解深度模式和瓦解对现实超越性信仰的一种“后现代”式价值取向。其具体表现是在对池莉、方方、刘震云等所谓“新写实主义”作家以及马原、洪锋、苏童、余华、格非等“先锋派”作家的批评研究中强化了文本的零散化立场与价值标准的松散与悬浮姿态；在写作姿态上，重视所谓的“零度写作”与“中止判断”等反传统、反理性、反文化、反历史的价值立场，不再关心所谓“中心价值”，在对韩东、欧阳江河、李亚伟为中坚的“第三代诗人”的批评以及对莫言、刘恒、刘震云、贾平凹等人的“新历史小说”的批评中，强调文学批评对多元文化的追求、对正统史观的背离以及对传统现实主义固有价值情感的反叛；在批评话语上则强化了后现代主义的能指滑动的语言特性。在某种程度上，批评价值判断的多元选择不仅仅体现了文学理论研究的分散的价值立场，其根本性的理论诉求也是对破除既定陈规更新价值观念的追求，更是破除文学理论研究“体系情结”与“理论建构热情”的一种方式，从这个意义上看，文学批评价值立场上的多元选择也是一种对“理论”的反叛方式。在这种反叛面前，中国当代文学理论研究并非体现出了全部的认同，更有在对“‘后’语境”反思与批判的立场上的价值重建的努力，这体现了中国当代文学理论对“‘后’语境”的另一种积极的应对方式。在反思与批判的立场上，学者们重视的是在“‘后’语境”启发下中国文论融入世界的可能、观察实践的方式以及实现综合创新的途径。钱中文先生提出，当代中国社会价值体系的崩溃、文学理论研究的滞后，并非由于什么"前苏联体系"所致，也并非是"后现代真经"所能解决的问题。[①] 王元骧先生认为，"后现代主义理论在西方社会虽然有一定积极意义，但一旦进入我国，由于文化语境的不同，它的意义也就发生了变化。"[②] 曾繁仁先生认为，近30年来，我们引进了西方文论，但"事实证明，只有从建构出发才能更有利地吸收，当然吸收也会有利于建构，两者相辅相成"[③]。这正说明了在"'后'语境"下，中国当代文学理论范式的转型将是一个长期复杂的过程，我们既不能忽略文学理论范式转型的客观情势与具体表征，但也绝不能将"'后'语境"提升到理论建构的根本性层面上，毕竟，中国当代文学理论范式的转型仍然是中国文学理论发展的内在变化中的一部分。

第三节 扩张与批判：中国当代文学理论研究的现代性立场

从"现代性"的立场出发，在传统与现代、中国与西方的双重视野中把握中国当代文学理论逻辑演变的进程，是新时期以来中国文学理论研究中的一个重要的特征，也是特殊历史境遇造成的中国当代文学理论的形态特征。

回望中国文学理论的发展历程我们可以发现，中国文论其实一直处于传统与现代的纠缠之中，中国自身的历史文化传统与文学发展现实历史地生成了中国文论的逻辑展开方式和理论建构形式，这使得百年文论一直保持了无法消弭的自主性特征。但是，由于特殊的历史情势，中国文论自从开启现代篇章以来，就无法彻底拒绝西方现代文化、哲学与美学问题模式与思想形式的吸引与挑战，特别是从20世纪80年代开始，当中国文论开

---

① 钱中文：《文学理论反思与"前苏联体系"问题》，《文学评论》2005年第1期。

② 王元骧：《文艺理论中的"文化主义"与"审美主义"》，《文艺研究》2005年第4期。

③ 曾繁仁：《新时期西方文论影响下的中国文艺学发展历程》，《文学评论》2007年第3期。

始不断地融入西方文化思潮所制造的理论问题之中时，中国文论在整体局面上更加表现出了独特的现代性特征。

对于中国当代文学理论研究来说，这是一个无法回避的问题。之所以说它无法回避，是因为现代性与中国文论的内在发展是一个共生的问题。从现代性的立场和视野把握中国文论的发展轨迹既是一种描述的方式和视角，同时又是中国文论问题领域中的一个重要的理论问题。当“失语症”的问题不断出现在文学理论研究中，当“‘后’语境”不断影响文学理论的研究范式，当文学理论不断遇到本土化、民族化与全球化，当文学理论不断遇到文化研究的挑战而日益陷入危机，“现代性”既成了面向中国文论的“提问方式”，又成了它的“问题之源”。

就当代中国文论的研究现实来看，现代性最初成为一个研究焦点与西方“后学”思潮的引入有直接的联系。从中国当代文学理论对“后学”的接受史来看，当我们对“后学”开始倾注热情的时候，也同时孕育了一个与“后学”思潮冲突与呼应的问题，即作为一个哲学和文化概念的“后现代性”与“现代性”的思想关联问题，因此，在中国当代文学理论研究中，“后学”思潮的接受研究也内在地包含了对“现代性”问题的思考。

最先被中国理论界所接受的杰姆逊、利奥塔、丹尼尔·贝尔、本雅明、福柯、博德里亚等西方哲学家的理论中本身包含深刻的现代性思想，当他们开始被引入中国理论界的时候，他们的现代性思想也得到了深入的阐释。至于哈贝马斯这样明显有现代性立场的哲学家，自然更是中国学界所关注的对象。但是，毕竟就基本精神来说，“现代性”的研究与整体“后学”思潮的基本理论趋向还有重大的区别。在哲学与文化的意义上，作为“后学”基本理论趋向的“后现代性”指的是“后学”思潮所内在地含有的为摆脱传统理性和宏大叙事模式而探寻的一种反传统、非理性、多元化、破碎性、解构性的思想趋向和精神特性，标志着颠覆现代社会以来的“总体性”与“宏大叙事”的能力与策略。而“现代性”既与“后现代主义”“后现代性”有一定的理论关联，也有它独特的问题特性，按着英国文化理论家吉登斯的说法，“现代性”标志着一种内在的分裂，即作为资本主义社会制度建构性意味的现代性和作为资本主义社会持批判旨趣的批判的现代性。前者是理性的建构，后者则意味着文化的批判，而且更多地与感性与体验相联系，也就是齐格蒙·鲍曼所说的，现代性还包含关于美、纯洁和秩序的梦想，包含追求美丽、保持纯洁和追求秩序的过程，更加强调从美学体验、艺术实践、审美精神、文化影响理解现代性的意义，即审美现代性。这两种现代性在资本主义社会发展过程中呈现为一种内在的张力，一种二律背反，一种脱节。如何解决这种二律背反，本身就构成了现代性的内在问题，同时也预示着“后现代性”成为一个现代性的问题。从这个意义上看，中国当代文学理论界对“后学”思潮的接受又不能完全替代对“现代性”问题的集中探讨，特别是不能代替对现代性的内在“自反性”特征的思考，这也正是当代中国文学理论研究从一开始就强调现代性的“问题之源”的一面的原因。

作为一种“问题之源”的探讨，从当代中国文学理论研究开始眷顾现代性问题开始，中国文学理论界就没有停止过对“什么是现代性”的探究，因此，对“现代性”的文化根源、哲学精神、理论线索、基本倾向的研究占了当代文学理论中现代性研究的很大比重。在这种研究中，当代文学理论界除了积极地译介西方的现代性研究著作外，也更多地从“现代性”问题在西方思想文化界的促发因素以及现代性思想的问题史和学术史视野上考量，尽可能在还原现代性的文化语境的过程中把握现代性的理论特性与哲学内涵。在这方面，中国当代一批理论家作出了积极的贡献，周宪的《审美现代性批判》（商务印书馆 2005 年版）、《现代性的张力》（首都师范大学出版社 2001 年版）、张颐武的《从现代性到后现代性》（广西教育出版社 1997 年版）、陶东风的《社会转型与当代知识分子》（上海三联书店 1999 年版）、余虹的《革命·审美·解构——20 世纪中国文学理论的现代性与后现代性》（广西师范大学出版社 2001 年版）、王德胜的《扩张与危机》（中国社会科学出版社 1996 年版）、徐岱的《美学新概念》（学林出版社 2001 年版）、王一川的《中国现代性体验的发生》（北京师范大学出版社 2001 年版）、张法的《文艺与中国现代性》（湖北教育出版社 2002 年版），这些理论研究著作至少在以下三个方面展现了研究成绩。

1. 在现代性的社会文化根源与现代性哲学理论发展线索上有明显的成果，突出了现代性基本的理论脉络和理论倾向，为国内学者研究现代性问题提供了较好的学术参照。在这方面周宪的《审美现代性批判》与《现代性的张力》有集中的探讨，周宪的审美现代性研究从现代性的问题史出发，对现代性概念的历史生成和文化分野过程有集中的探讨，特别是凸显了审美现代性的理论结构和表征形式，更系统地面对了“研究现代性不只是要说出现代性是什么，更重要的是要辨析我们在其中存在怎么样的问题”①。2. 对现代性的文化立场与精神特征有深刻的认识，对现代性文化内涵与哲学意蕴做了积极的把握。3. 在还原现代性的文化语境的同时，呼应了中国当代文化发展的现实，对中国当代文化裂变与文化转型问题做了积极的探索，集中分析了中国当代文化发展的现代性问题与诸种表现形式，比如张颐武的《从现代性到后现代性》、陶东风的《社会转型与当代知识分子》、张法的《文艺与中国现代性》都突出了现代性与中国文化发展的内在关系，对现代性冲击下的当代文化危机有一定的认识。

如果说，在中国当代文学理论界，作为一种“问题之源”的现代性研究主要是面对“现代性是什么”的问题以及这个问题的问题史引出的文化语境与历史发展脉络的思考的话，那么，作为一种“提问方式”的现代性的研究则更加直接和理性地用现代性的立场对待中国文论内在的历史生成和逻辑表达的关系问题。在这方面，中国当代文学理论研究表现出了拨开现代性的历史迷雾重返中国文论基本问题与逻辑表达的直接性特征。中国当代文学理论研究首先认识到了现代性之于中国文论发展的理论关系以及中国文论独特的现代性历程。钱中文先生在20世纪90年代率先撰文探讨中国文论的现代性问题，他着眼于百年中国文论的历史化进程，立足于当代中国文论的内在发展和外在影响，深入阐释了中国文论在自主性与现代性的内在勾连中的发展方向。他指出，现代性是一种被赋予历史具体性的现代意识精神，一种历史的指向。文学理论的现代性的要求主要表现在文学理论自身的科学化，使文学理论走向自身，走向自律，获得自主性；表

① 周宪：《审美现代性批判·导言》，商务印书馆2005年版，第5页。

现在文学理论走向开放、多元与对话；表现在促进文学的人文精神化，使文学理论适度地走向文化理论批评，获得新的改造。[①] 他还指出了中国文论独特的现代性选择方式，那就是"我们面临着对文学理论现代性选择，同时我们也将被现代性所选择"[②]。中国文学理论现代性的生成，面对着强大的传统问题，似乎没有哪个国家的文论像我国那样，在传统问题上总是纠缠不清，在这个意义上，我们的现代性选择还得"在原有的文化、文学理论传统的基础上进行"[③]。最后，他指出了中国文论的现代性要求，那就是要求文学具有新的人文精神，在现代性的视野中探讨中国文学理论的现实发展，必须"重建新的人文精神，发扬我国原有人文精神的优秀传统，适度地吸取西方人文精神中的优秀成分，融合成既有利于个人自由进取，又使人际关系获得融洽发展的两者互为依存的新的精神；改善与完善人的心灵，重建人的精神家园，协调好人与社会、人与自然、人与人、人与科技的关系，使人逐步成为精神自由的人，全面解放的人"[④]。这是中国当代文学理论的现代性研究中较全面系统的研究，视野开阔，立论扎实，对中国文学理论的当代发展具有重要的指导意义。

文学理论研究中的现代性是一个突出的值得研究的问题，这不仅表现在理论发展方向的把握上，还体现在具体从中国文学实践与文学生态语境中把握中国文学的现代性特征上，这是中国文学理论的现代性的内在要求，也就是文学理论的现代性必然需要文学实践、文学史视野、文化发展过程的现代性佐证。陈晓明主编的《现代性与中国当代文学转型》（云南人民出版社 2003 年版）从现代性的立场入手，重新梳理了 20 世纪中国文学的变革和转型过程，在文学与社会的关系、文学史写作与文学学科的历史与现实、文学实践的现实发展等方面回应了现代性的挑战，坚持回到文学史研究本身，回到文学经验本身，呼唤重新建立现当代文学关于科学研究的规范，重新思考文学特质的问题，对中国当代文学理论的现代性研究

---

① 钱中文：《文学理论现代性问题》，《文学评论》1999 年第 2 期。

② 钱中文：《再谈文学理论现代性问题》，《文艺研究》1999 年第 3 期。

③ 同上。

④ 钱中文：《文化、文学中的现代性与后现代性问题》，《社会科学辑刊》2002 年第 1 期。

有重要的意义。南帆的《后革命的转移》也提出了类似的问题，在《现代性、民族与文学理论》中，南帆从“失语症”与理论家的民族情绪、中国文论传统与现代性国家建构、文学理论知识形态与学科发展等诸多方面考察了现代性话语的深刻意义，指出中国文学理论的现代性“必须在现代性话语的平台上展开”，如果放弃这个主题，回到“半部论语治天下”的时代，那么，中国文学理论的现代性研究的意义将荡然无存，“现代性是困难的，也是意义所在”[①]。此外，王晓明的《在新意识形态的笼罩下——90年代的文化和文学分析》（江苏人民出版社2000年版）、程文超的《意义的诱惑——中国文学批评话语的当代转型》（时代文艺出版社1993年版）、何言宏的《中国书写：当代知识分子写作与现代性问题》（中央编译出版社2002年版）、李扬的《20世纪中国文学研究中的现代性问题》（《文艺理论研究》2006年第1期）、庄锡华的《二十世纪的中国文艺理论》（上海三联书店2000年版）等一系列论著也深入探讨了这个问题，这些研究恢复了文学理论现代性研究所必需的文学经验和文学事实，对中国当代文学理论的现代性问题研究有重要的经验意义。

文学理论的现代性研究必将最终直面中国文学理论的现代性道路与发展趋势，特别是在深入把握现代性思想精髓的基础上探索当代文学理论深入文学现实的能力和整体创新发展的道路，这既是文学理论的现代性研究的意义，同时也是它提出的问题。中国当代文学理论的现代性研究在这方面也做出了积极的呼应，钱中文先生通过深入总结中国文学理论的现代性历程提出，在今天全球化日益成为一种社会发展趋势，中国文学理论的建设面对着中国古代文学理论、西方古代文学理论以及西方现代文学理论三种文化资源（或者说三种传统）的定位与选择，中国当代文学理论建设应该要以现代文学理论中能经受住反思、批判的部分为基础，广泛吸收西方文学理论批评的长处，以它的科学精神、原创性与独创精神促进中国古代文学理论的现代转化，最大限度地激活其中最具生命力、可与当代审美意识融为一体的精华部分，结合当代文化的巨变，沟通中外古今、严肃文学

① 南帆：《后革命的转移》，北京大学出版社2005年版，第147页。

与大众文学、文学与影视、网络文学，在跨学科的多种方法的运用中，建构中国当代文学理论批评话语。[①] 王杰立足于“中国当前社会主义文学生产方式的雏形已经形成并且不断发展”[②] 的现实，坚持从艺术与意识形态关系的新变化中探索中国文学理论的审美现代性要求和形态，李春青立足于中西文论不同的解释传统——以西方为代表的比较倾向于认知性解释的传统和以中国古代文论为代表的倾向于评价性解释的传统，以及在20世纪所遭受到探索当代文学理论的生长点的困境，认为当代文学理论绝不能将目光局限于解释和评介文学现象本身，而应该关注与之相关的一切文化历史现象，将文学理论拓展为一种综合性的文化研究理论。[③] 这些理论研究最突出的意义是切实地提出了现代性视野中的中国问题，因此，它不仅仅是面向现代性理论问题的研究，更是面向问题本身的研究，正是在他们的启发下，中国当代文学理论的现代性问题具有了超越“‘后’语境”的可能，中国当代文学理论研究在这方面也开始展现了自身的问题意识与理论精神，这也预示着：随着中国当代文学理论研究的深入发展，文学理论的现代性问题已经远远超出了文学理论研究内部的视野，而与更加广阔的社会文化语境联系了起来，在这种情形下，中国当代文学理论不仅仅是面对传统的文学对象的研究，而且更加面临着学科拓展与理论深化的难题。在现代性的视野中，我们不仅应该思考“文学理论是什么”，还要思考“文学理论究竟可以做什么”，更要思考“文学理论将走向何方”，如果我们将这些问题融入文学理论研究的问题之中，我们会发现，现代性给我们提供的不仅仅是一种视野与方法，中国文学理论研究本身也正处于现代性的路途中。

① 钱中文：《文学理论：走向交往与对话》，《中国社会科学》2001年第1期。

② 王杰：《马克思主义与现代美学问题》，人民文学出版社2004年版，第219页。

③ 李春青：《文学理论还能做什么?》，《北京师范大学学报》2003年第3期。

第四节　危机与重建："后"语境与中国当代文学理论重构

早在后现代主义等"后学"思潮开始引入中国的时候，美国学者哈桑曾经建议："中国可以通过了解西方国家所做的错事，避免现代化带来的破坏性影响。这样的话，中国实际上也是'后现代化'了。"① 而英国学者特里·伊格尔顿在了解中国后现代主义研究之后则毫不客气地指出中国在从西方"进口减肥可乐的同时一起进口德里达"②，并且在他的《后现代主义的幻象》中一本正经的"致中国读者"："也许对最新流行的无论什么东西抱有一点怀疑态度总是可取的：今天激动人心的真理是明天陈腐的教条。"③ 对于"'后'语境"下的中国当代文学理论研究来说，这两种态度都是值得认真对待的。由于"后学"思潮的涌入，中国当代文学理论在理论范式上发生了重要的转型，这是新的学术资源对中国文论的客观影响，但是，这个转型的过程并非是直接而简单地发生的，而是裹挟着不同理论传统的矛盾与冲突、多种理论资源融合的压力与焦虑、不同理论话语趋同与求异的危机与挑战，从这个角度上看，"'后'语境"下中国当代文学理论范式的转型仍然需要深刻的理论建构的眼光。在"'后'语境"下，中国当代文学理论并没有放弃理论对话的努力，更没有遗忘理论建构的责任，"'后'语境"在多维地影响了中国文论的理论格局之时更激发了中国当代文学理论建构的信念。

理论建构的信念首先离不开对西方现代文论在中国当代文学理论的话语移植的效果中的合理反思和评价。西方现代文论有着它自身特殊的社会文化语境和现代性现实，当它在中国文论开启现代性历程之后被中国文论引介之时，不可避免地在表达方式、理论体系、话语实践等诸多方面与中国文论话语产生"时空错位"。从中国当代文学理论开始受西方现代文论

① ［美］大卫·格里芬：《后现代精神》，王成兵译，中央编译出版社 1998 年版，第 20 页。
② ［英］特里·伊格尔顿：《后现代主义的幻象》，华明译，商务印书馆 2000 年版，第 139 页。
③ 同上书，第 2 页。

影响的时候，中国文学理论研究就没有忽视这种“时空错位”所造成的理论误读及其应用性的偏差。经过了近20年的努力，目前来看，清理这种误读与偏差不仅十分必要，而且构成了中国当代文学理论建构中的一项重要的内容。曾繁仁先生就曾深入研究中国当代文艺学研究与西方现代文论之间存在着的“时空错位”问题。在他来看，西方现代文论是西方现代与后现代社会的产物，而我国正处于现代化过程之中，事实上在我国不仅存在着现代的生活文化状况，而且存在着大量的前现代生活文化状况。在这样的情况下，我们引进西方后现代理论，特别是“解构”的后现代理论，必然与作为还在“建构”中的我国文学理论存在着重大的语境差异，在这种情形下，中国当代文学理论建构应该充分认识到不同语境的差异。[①] 钱中文先生也认为，20世纪80年代以来，中国当代文学理论在改革开放的形势下相当普遍地厌弃了旧有的理论与研究方法，转向西方现代文学理论，对于中国文学理论来说，这固然满足了求新、求知的欲望，但是也产生了理论的错位，存在着一定的盲目性，对于中国文学理论批评来说，必须建立中国自己的具有自主精神的理论话语，确立文学理论的主体性。[②] 有的研究者也深入地探讨了中国当代文学理论在西方文论影响下的理论“过剩问题”，也是对西方“后学”思潮与中国当代文学理论接受的深入研究，并提出了很多有启发性的见解。

从文化语境上看，西方“后学”思潮与中国当代社会思想文化现实存在着不可通约的间隔，在一个较长的时期内，系统整理和消化当代西方文论的新现象、新思潮、新发展、新趋势，并有效地与中国当代文学现实相联系，以增强中国文论的生命力，仍然是中国当代文论研究的主要任务之一。尽管这种客观的现实会影响中国当代文学理论研究对西方“后学”思潮的看法，但经过了近20年的时间，这种“间隔论”基本上仍然能够在理论建构与理论发展的眼光中保持借鉴与拓展的适度心态，进而走向深入的理论探索。曾繁仁先生系统地探索了新时期西方文论影响下的中国当代

① 曾繁仁：《新时期西方文论影响下的中国文艺学发展历程》，《文学评论》2007年第3期。

② 钱中文：《文学理论：走向交往与对话》，《中国社会科学》2001年第1期。

文学理论研究，他提出，西方后现代文论之“后”的文论也有一种通过对现代性之反思超越走向建构的意味，特别包含对于现代性中不恰当的唯科技主义、唯经济主义与工具理性的一种反思超越，通过对这种具有绝对性的形式“结构”进行“解构”，进而走向建构一种新的具有“共生”内涵的理论形态，这样具有“建构”内涵的“后现代”对于我国是有着借鉴的价值的。[①] 这种观点很有代表性，对中国当代文学理论在如何借鉴西方“后学”思潮上有一定的启发。高建平先生近年来致力于中国美学与文化多样性问题研究，在积极参与和构建中国美学、中国文论与西方美学的对话中做了很多积极的工作，取得了很多值得关注的优秀成果，在西方“后学”思潮崛起与文化多样性日益明显的形势下，他的文学理论研究和美学研究更多地强调树立走出“美学在中国”、建立“中国美学”的意识[②]，他的工作具有深刻的当代意义，特别是对中国美学与文论如何在“‘后’语境”下走出“失语症”的阴霾，完善理论建构的任务有重要的意义。陶东风先生、金元浦先生近年来致力于当代文化研究，陶东风系统地提出并阐释了“日常生活审美化”理论的原则和发展方向，受到了高度关注，同时在文化研究与文学理论范式转化中做出了积极的探索；[③] 金元浦先生更多地从历史总体发展的大趋势和现实实践发展的需要出发，深入探讨当代文学研究中发生的所谓“文化转向”的根源与表现，[④] 并在当代文学理论建构的层面上做积极的应对，是中国当代文学理论建构中值得认真对待的研究成果。类似的成果还有很多，种种探索的成绩证明，在“后学”思潮的涌入下，中国当代文学理论研究并非完全放弃了理论自主性与自律性理想，也并非忽视了中国当代文学与文化现实的具体情境，西方“后学”思潮在中国的“理论旅行”与“话语移植”的过程使得中国文学理论话语与第一世界批评理论界日趋“接轨”，并将中国文论置于多元化、多极

① 曾繁仁：《新时期西方文论影响下的中国文艺学发展历程》，《文学评论》2007 年第 3 期。

② 高建平：《文化多样性与中国美学的建构》，《学术月刊》2007 年第 5 期。

③ 陶东风：《日常生活的审美化与文艺社会学的重建》，《文艺研究》2004 年第 1 期；《日常生活审美化与文艺学的学科反思》，《天津社会科学》2004 年第 4 期；《移动的边界与文学理论的开放性》，《文学评论》2005 年第 1 期；等等。

④ 金元浦：《重构一种陈述——关于当下文艺学的学科检讨》，《文艺研究》2005 年第 7 期。

化、碎片化的、众声喧哗的"后现代"理论大联唱之中，在这个情势下，中国文论对西方"后学"思潮的接受不完全是重建中心的策略与手段，也并不意味着单一的批判，有效借鉴西方"后学"思潮合理因素进而走向理论的超越，对于中国当代文学理论来说，这并不遥远。

任何理论的建构都离不开明确的立场与发展方向，在"'后'语境"下的中国当代文学理论建构中，"在马克思主义文艺理论基本原则指导下，立足于经过百年、特别是新时期以来逐步建构起来的现代文论新传统的基础上，不断借鉴吸收现代西方文艺理论与中国古代文论两大理论资源，用以应对、回答、解释、解决文学的新现实和新问题，在文学理论与文学实践逐渐结合过程中综合创新，努力使古今、中西相融合，从而使新世纪文艺学一方面具备源源不断的现实依据，另一方面在理论建构上能够不断破旧立新，在创新中逐步完善，在动态建构中取得与文学现实和实践的相对平衡，进而使文艺学的学科建设获得新的生机，产生新的活力。"① 这代表了一种集中的看法，同时也预示了理论建构的原则与方向，而"在马克思主义思想指导下创建我们当代具有鲜明中国特色的美学理论，这样才能在 21 世纪的世界美学中取得我们应有的一席地位，同国外美学界进行平等的对话和真正的思想交流，为美学的发展作出我们的贡献"②。则更加提出了明确的目标。这也是我们重视"'后'语境"下中国文学理论研究最终归宿之所在，同时也意味着我们建设具有中国特色的当代马克思主义文论的任务更加艰巨。在任务面前，中国当代文学理论研究并没有将"建构"流于口号，而是在深入的理论反思与批判中做出了很多富有实效的研究，钱中文先生的"新理性文论"、党圣元先生对古代文学批评史学科有关学术理念和方法论的反思以及对古代文论现代化的深入研究，③ 杜书瀛先生对全球化问题的深入研究，④ 都取得了卓有成效的理论拓展，充分体现出了中国当代文论与西方现代文论较为冷静的对话性。在"'后'语

---

① 朱立元：《关于当前文艺学学科反思和建设的几点思考》，《文学评论》2006 年第 3 期。

② 汝信：《21 世纪中国美学的使命》，《学术月刊》2002 年第 5 期。

③ 党圣元：《学科范围、体系建构与书写体例》，《甘肃社会科学》2007 年第 4 期。

④ 杜书瀛：《再说全球化》，《学习与探索》2005 年第 5 期。

境”下，中国当代文论并没有完全“失语”，更没有失去理论对话的正当性和合法性，“后学”与“‘后’语境”让中国文论获得了重新检讨理论缺憾与学科局限的机会，让中国文论在文化多样性面前获得了综合发展的可能，在多元复杂的文化时代，中国文论在世界文学理论的格局中正不断前进，在这个意义上，理论没有“终结”，中国文论更没有终结。

第三章

守正与创新:“古代文论的现代转换”的美学反思

“中国古代文论的现代转换”是中国当代文艺学界在20世纪末明确提出的一个重要理论命题，也是中国古代文论研究与古文论知识形态发展到20世纪末阶段的又一次理性自省与自救行动。从中西比较视域出发来研究古代文论，以学科整合、话语重构的形式推动古代文论的现代转换，是古代文论进入现代社会之后的一种历史必然。中国古代文论要想同西方乃至世界交流与对话，就必须从传统走向现代，从封闭走向开放，从独语走向对话，从东方走向西方。但这并非意味着曾在中国文论界引发重要讨论的“中国古代文论的现代转换”与“失语症”问题就以此具备学理上和逻辑上的可靠性，从中国文论的发生发展及其现实处境出发，辨析“中国古代文论的现代转换”与“失语症”问题的目的、内涵、策略与意义，并由此解释中国文论现实发展之处境与困难，仍然是我们清理新时期以来中国文论发展征候的一项重要工作。本章以20世纪90年代后期学术界对中国古代文论“失语症”的学理性诊断为切入点，在反思中国古代文论的现实困境基础上，对90年代学术界提出的“中国传统文论的现代转换”命题作进一步的学理探讨。

第一节　中国古代文论现代转换:滥觞与问题

中国古代文论现代转换的滥觞，似乎可以上溯至19世纪末20世纪初。王国维可谓近百年来自觉尝试对古代文论进行现代转换的第一位中国学者。在《人间词话》中，他把西方哲学美学理论同我国传统文艺理论相结合，提出“境界”“造境”与“写境”、“有我之境”与“无我之境”等一系列新的文论范畴，开始在古文论话语结构中创造性植入西方文艺思想的因子。《〈红楼梦〉评论》从西方的悲剧理论出发来评论中国古典小说《红楼梦》，开启了比较诗学“以西释中”文论模式的理论先河。陈寅恪就曾指出，王国维研究传统诗学的路径是“取外来之观念与固有之材料互相参证”[①]。梁启超1902年发表于《新小说》的《论小说与群治之关系》，一反传统文论评点、妙悟式的批评范式，转而以西方心理学理论为基础，对小说的审美价值进行了理性的分析论证，并创造性运用西方文论的一些基本术语，如“理想派”“写实派”等。其对小说功能的理解，更多从西方启蒙政治与文学社会学出发进行论述，而同传统文论之“文以载道”思想有了明显差异。[②] 鲁迅的《摩罗诗力说》虽仍旧采用文言文的话语范式，但在文论结构上明显沾染了西方文论理性思辨的痕迹，注重理论的引介、评价、分析和归纳。在文艺精神上则突破古典主义的和谐而开始凸显西方现代以来的悲剧意识。宗白华是中国现代美学的开拓者和奠基人之一，也是古文论现代转换的重要开拓者。他以意境理论为中心，进而把意境、理趣、意味、神韵、风骨、飞动、空灵等古文论范畴用于现代文艺批评，实现了古文论话语同现代文艺现象、文艺经验的对接与融合。此外，陈钟凡、郭绍虞、方孝岳、罗根泽、朱东润等人对“中国文学批评史”学科的建制，更为集中地反映出古代文论现代转换的历史性进程。1927年陈钟凡出版《中国文学批评史》，采用“以远西学说，持较诸夏”的方法。[③] 此后，郭绍虞的《中国文学批评史》、方孝岳的《中国文学批评》、罗根泽的《中国文学批评史》以及朱东润的《中国文学批评史大

---

① 陈寅恪：《王静安先生遗书序》，见《金明馆丛稿二编》，上海古籍出版社1982年版，第219页。

② 梁启超：《论小说与群治之关系》，夏晓虹编：《梁启超文选》（下），中国广播电视出版社1992年版，第3—8页。

③ 陈钟凡：《中国文学批评史》，中华书局1927年版，第6页。

纲》等，虽大大拓展了由陈钟凡建立起来的古代文学批评史学科构建，但其研究理路和操作策略，则并没有太大变化。杨鸿烈撰写《中国诗学大纲》时曾言及自己的研究是“把中国各时代所有论诗的文章，用严密的科学方法归纳排比起来，并援引欧美诗学家研究所得的一般诗学原理来解决中国诗里的许多困难问题”[①]。这种以西方文学批评学科和诗学原理为参照系，通过中西诗学比较与对话，进而对中国古代文论话语进行发掘与整合的学术行为，可谓是当时学术界的普遍共识。朱自清就曾指出：“‘文学批评’一语不用说是舶来的。现在学术界的趋势，往往以西方观念（如‘文学批评’）为范围去选择中国的问题；故无论将来是好是坏，这已经是不可避免的事实。”[②] 鲁迅言“比较既周，爰生自觉”；钱锺书强调“东海西海，心理攸同；南学北学，道术未裂”。“颇采‘二西’之书，以供三隅之反”；朱光潜认为：“一切价值都由比较得来，不比较无由见长短优劣。现在西方诗作品与诗理论开始流传到中国来，我们的比较材料比从前丰富得多，我们应该利用这个机会，研究我们以往在诗创作与理论方面的长短究竟何在，西方人的成就究竟可否借鉴。”[③]

“失语症”原本是一个医学术语，指因脑部疾病而导致的语言理解与表达能力的丧失。1990 年黄浩在批判新小说“语言革命”问题时提出“文学失语症”的命题，他所说的“失语症”主要指新小说“说话困难”，即“把话说得太不像‘话’了”，从而形成“孤独的文本”而陷入理解与阐释的困境。[④] 1991 年，王一川在《卡里斯马典型与文化之镜》中分析韩少功小说《爸爸爸》里的人物丙崽时谈到“失语症”问题，他说：“丙崽的失语症意味着话语能力的历史性丧失。在两座同样神圣而富于权威的话语体系——中国传统文化和西方现代文化之间，‘自我’发现自己置身于不可超越的历史性话语‘空白’之中。”[⑤] 很显然，王一川所谓的“失语

① 杨鸿烈：《中国诗学大纲》，商务印书馆 1933 年版，第 1 页。

② 朱自清：《朱自清古典文学论文集》（下册），上海古籍出版社 1981 年版，第 541 页。

③ 朱光潜：《诗论·序》，《朱光潜美学文集》（第 2 卷），上海文艺出版社 1982 年版，第 136—137 页。

④ 黄浩：《文学失语症：新小说“语言革命”批判》，《文学评论》1990 年第 2 期。

⑤ 王一川：《卡里斯马典型与文化之镜》，《文艺争鸣》1991 年第 1 期。

症”指文化上的无根与漂浮，是一种文化病症。1995年，曹顺庆提出中国文论的“失语症”问题，从而将其隐喻化为一个文学理论关键词。① 究竟何为中国文论的“失语症”？学术界对“失语症”的诊断秉持什么样的理论态度？我们又该如何理解中国古代文论在当代的“失语症”？下面，我们结合曹顺庆对“失语症”的论述及其学术界对“失语症”问题的论争，谈谈我们对中国古代文论“失语症”诊断的看法。

1996年，曹顺庆在反思当代文论现状时指出：“当今文艺理论研究，最严峻的问题是什么？我的回答是：文论失语症！”“所谓‘失语’，并非指现当代文论没有一套话语规则，而是指她没有一套自己的而非别人的话语规则。当文坛上到处泛滥着现实主义、浪漫主义、表现主义、唯美主义、象征、颓废、感伤等西方文论话语时，中国现当代文论就已经失落了自我。她并没有一套属于自己的独特话语系统，而仅仅是承袭了西方文论的话语系统。”“中国现当代文论的失语症，其病根在于文化大破坏，在于对传统文化的彻底否定，在于与传统文化的巨大断裂，在于长期而持久的文化偏激心态和民族文化的虚无主义。因为一个民族文化话语系统，不可能从虚空中诞生。割裂了传统，必然导致失语，这就是我们的结论。”②“所谓‘失语症’，并不是说我们的学者都不会讲汉语了，而是说我们失去了自己特有的思维和言说方式，失去了我们自己的基本理论范畴和基本运思方式，因而难以完成建构本民族生存意义的文化任务。”③“传统的学术话语没有能够随着时代生活的发展变化而及时得到创造性的转换，因而在新的时代条件下失去了精神创造力，活的话语蜕变为死的古董，传统精神的承传和创新也就失去了必要的手段，这就是当今文论的严重‘失语症’。”④“所谓‘失语’，是说在这种中西知识的整体切换中我们丢失了自己的知识方式。一方面，我们坚信，只有现代西学质态的知识才是唯一的

① 曹顺庆：《21世纪中国文化发展战略与重建中国文论话语》，《东方丛刊》1995年第3期。

② 曹顺庆：《文论失语与文化病态》，《文艺争鸣》1996年第2期。

③ 曹顺庆、李思屈：《重建中国文论话语的基本路径及其方法》，《文艺研究》1996年第2期。

④ 曹顺庆、李思屈：《再论重建中国文论话语》，《文学评论》1997年第4期。

知识。……另一方面，经由一个世纪的演化，移植的知识已成为我们的新传统。"[①] 结合曹顺庆对"失语症"的话语论述，我们认为，"失语症"的诊断包含以下几个方面：其一，"失语症"的提出，是曹顺庆等人在反思中国当代文论现状的基础上提出来的。其二，"失语症"的具体征候表现为，中国文论完全被西方文论话语挟持，成为西方文论话语的复制与模仿，最终失去了自己的历史性、本土性与民族性特质。其三，文论"失语症"的病根在于对传统文化的彻底否定和破坏，以及在重建文化"现代性"过程中，因盲目追随西方所导致的民族虚无主义。其四，从"失语"走向"得语"的关键在于传统文论的现代转换，在于中西诗学的对话以及西方诗学的中国化等。

曹顺庆等人对中国文论罹患"失语症"的诊断，引起了文论界的广泛思考和关注。一些学者认为"失语症"的说法较客观地概括出了中国当代文论的现状，是对中国当代文论之殇的理性诊断。钱中文先生就认为："在当代世界上，还听不到我国当代文论的声音。"所谓"听不到我国当代文论的声音"也就是"失语"。之所以听不到"我国当代文论的声音"，是因为我们既没有很好地继承自己的文论传统，又没有创造出真正属于中国本土的当代文论话语。因此，他呼吁学术界为"创造具有中国特色的当代文论"而努力。[②] 蒋述卓指出，西方大量理论话语的涌入，造成了当代中国批评的"失语"。面对这种"失语"状态，最紧迫的问题是要继承中国古代文论的优秀传统，对其进行创造性转化，立足本民族立场，加强古今对话，从失语走向得语。[③] 陈洪、沈立岩认为，"失语"最起码表征着三重含义，一是"形容同一指涉领域中语言共同体的瓦解局面。当然，也可以说得好听一点，就是所谓的'多元化'"；二是指"一种理解与沟通上的隔膜感和转化中的无力"；三是指"一种文化上的病态，主要表现为当代的中国文论完全没有自己的范畴、概念、原理和标准，没有自己的体

① 曹顺庆：《从"失语症"、"话语重建"到"异质性"》，《文艺研究》1999 年第 4 期。

② 屈雅君：《变则通，通则久——"中国古代文论的现代转换"研讨会综述》，《文学评论》1997 年第 1 期。

③ 蒋述卓：《论当代文论与中国古代文论的融合》，《文学评论》1997 年第 5 期。

系，也就是没有自己的话语，每当我们开口言说的时候，使用的全是别人也就是西方的词汇和语法。……‘失语’的意思就应当精确为‘失母语’”。在认同文论界“失语症”诊断的同时，又对其进行了批判性的反思。[①] 童庆炳说：“我们基本上还没有建立起属于中国的具有当代形态的文学理论。我们只顾搬用或只顾批判，建设则‘缺席’，中国具有世界‘第一多’的文学理论家却没有自己的一套‘话语’，这不能不使我们陷入可悲的尴尬局面。”[②] 陈炎认为，中国美学和文论在20世纪的发展中所遇到的问题不外乎两个，一个是“失范”，一个是“失语”。在他看来，“失语”的问题“绝不仅仅是一种民族自尊心的伤害，更重要的是那种外来的、或借助外来方式改造过的术语并不足以解释我们民族自身的审美经验和艺术问题。于是，美学也好，文论也罢，最后只成为同行学者讨论的话题，对具体的审美活动和艺术实践并不助益”[③]。黄曼君在其主编的《中国20世纪文学理论批评史》中讨论了“中国当代文论‘失语’与‘话语重建’问题”，详细介绍了曹顺庆等关于文论“失语症”与重建中国文论话语的思想，肯定其“较早批评中国文论‘失语’并提出‘话语重建’方略”的学术意义和价值。[④] 还有一些学者则认为，“失语症”的诊断乃是对中国当代文论现状的“误诊”，从而秉持不同程度的异议。蒋寅认为，“失语症”是一个地地道道的伪命题，“失语”的不是中国文论，而是中国文论的学者，特别是比较诗学的学者。他给“失语症”做出的诊断是：“失语症，一种传播速度极快的传染病。通常由心理障碍引起，属功能性意识、思维能力衰退，由此诱发话语能力失常的幻觉，久之导致器质性病变，完全丧失话语交往能力。此症多发作于国际文化交流场合，经常伴有严重的文化自卑感与精神焦虑。比较文学与比较诗学界为其高发病率区。”他甚至认为，“失语症”的扩散反映出当代文学研究的一种病态：

① 陈洪、沈立岩：《也谈中国文论的“失语”与“话语重建”》，《文学评论》1997年第3期。

② 童庆炳：《中国古代文论的现代意义》，北京师范大学出版社2001年版，第327页。

③ 陈炎：《走出“失范”与“失语”的中国美学和文论》，《文学评论》2004年第2期。

④ 黄曼君：《中国20世纪文学理论批评史》，中国文联出版社2002年版，第821页。

"为什么一个十分无聊的虚假命题会被炒得沸沸扬扬，就像邮市上谁也不要的'臭票'竟被炒得价格腾上?"[①] 当然，这种批判显得有些过激，学术任性削弱了学术理性的深度。在随后发表的一些文章中，蒋寅虽仍未完全苟同"失语症"的提法，但在态度上有所转变。如在《如何面对古典诗学的遗产》一文中，蒋寅说："我曾经不太赞同'失语症'的提法，认为它发自文化上的自卑和理论创造上的浮躁，是个虚假命题，但现在我的看法有所改变：这种说法的流行本身就说明了文学理论的学术困境。"[②] 在《对"失语症"的一点反思》一文中，蒋寅认为要"从学理上认真剖析一下，看它到底是按什么逻辑虚拟，并依托什么样的理论错觉而让学界认同的"，而"认真剖析"的结果是："所谓'失语'就绝不是什么有没有自己的话语，用不用西方话语的问题，而是有没有学问，能不能提出新理论、产生新知识的问题。一言以蔽之，'失语'就是'失学'，失文学，失中国文学，失所有文学。什么时候，真正的文学研究专家多了，举世钦佩的学者多了，中国学术界就不'失语'了。"[③] 董学文明确反对用"失语症"来描绘和概括中国当代文论现状，他认为："用'失语'一词武断地抹杀本已存在并仍在发挥作用的包括中国化的马克思主义文艺学在内的整个现代中国文学理论的功能和意义，无论怎么说也是不够实事求是的。"因为"五四以来的中国文论并没有'抛弃传统'，西方文论和马克思主义文论，恰恰是在与传统文论结合的过程中才得以生根。从总体上说，现代中国文论并没有'跟着西方人的脚步走'，并没有成为某种学说的'附庸'"[④] 高楠认为，20 世纪中国文艺学"并未失语"，西方文论进入中国后"大都被作了中国文艺学的'同化'"，"即是说，本世纪的文艺学转换中，思想总是被及时地组织为话语，话语也总是被及时地转化为思想。中国文艺学始终在说着历史要求它说的话，时代要求它说的话，它说出了自

① 蒋寅：《文学医学："失语症" 诊断》，《粤海风》1998 年第 5 期。
② 蒋寅：《如何面对古典诗学的遗产》，《粤海风》2002 年第 1 期。
③ 蒋寅：《对 "失语症" 的一点反思》，《文学评论》2005 年第 2 期。
④ 董学文：《中国现代文学理论进程思考》，《北京大学学报》1998 年第 2 期。

己的思想理论，它并未‘失语’”。[1] 周宪从全球化与本土化的关系出发，对“失语症”进行了较为深入的思考。在他来看，全球化与本土化并不是绝对二元对立的关系，而是相互依存并行不悖的。“失语症”的失误之处正在于它“以传统来解释、定义和捍卫传统，而不把传统本身看作一个发展的变化的范畴”[2]。在另一篇文章中，周宪将文论“失语症”与汉语新诗“西化”问题结合起来进行分析，认为“文论‘失语症’说和汉语新诗‘西化’的一个共同立论是：现当代文论和汉语新诗已经变了，变得‘他者化’或‘西化’了。这种说法的另一种表述也就是文论和诗歌已经不纯了，渗透进了太多的‘异质’因素”。这种对传统本真性和纯粹性的维护，往往是“虚幻的，带有乌托邦性质”。反对在“重新传统化”过程中陷入狭隘的“文化政治化”和“文化原教旨主义”，倡导重建“现代意义上的传统”。[3] 陶东风对文论“失语症”的批判，与周宪的观点极其相似，他认为，传统并非固定不变，构成一个民族认同的一些基本要素如语言、习俗等实际上已经全球化，已经与他者文化混合，不可能还存在所谓的纯粹的、绝对的、本真的族性或文化整体。那种把中国民族文化与所谓的本土经验实体化、绝对化，试图寻找一种本真的、绝对的、不变的民族性、中华性和自身话语，那种把中国的现代化等同于西化，把中国的现代史概括为全面的他者化的历史，不过是知识分子的一种话语虚构。[4] 以上是中国当代学者对“失语症”问题的话语论争状况，这种话语的论争，直接构成了一个关乎当代文论建设与传统文论之再生的“话语事件”，其间涉及如何认识当下，如何接续传统，如何面对西方等多维复杂的理论与现实问题。话语论争的背后，折射出20世纪90年代以来中国人文知识界的群体焦虑意识，其所表征的话语意义，有待于进一步思考。

我们都知道，自“五四”新文化运动以来，中国社会文化的现代性进

---

① 高楠：《中国文艺学的转换之根及其话语现实》，《社会科学辑刊》1999年第1期。

② 周宪：《中国当代审美文化研究》，北京大学出版社1997年版，第258页。

③ 周宪：《“合法化”论争与认同焦虑》，《南京大学学报》2006年第5期。

④ 陶东风：《全球化、后殖民批评与文化认同》，载《全球化与后殖民批评》，王宁、薛晓源主编，中央编译出版社1998年版，第195页。

程一直以追慕西方为主导，王一川称其为“艳羡的现代性”。对西方文化的过度信任和追捧，以及对传统的反叛与疏离，最终造成中国现代文化的后殖民情结与文化“失根”意识。当年学衡派曾提出“论究学术，阐明真理，昌明国粹，融化新知。以中正之眼光，行批评之职事”的学术宗旨，其目的在于矫正当时过于盲从西学、毁弃传统的文化激进主义思想。但这种理性的文化构想，在当时却被新文化运动的健将们称为文化复古与保守主义，而最终失去文化话语的“合法性”。20 世纪 80 年代的人文知识界，其学术精神与话语范式基本上延续了“五四”以来的文化激进主义传统，如立足于中/西、传统/现代的二元对立模式来反思和建构新时期文化，将西方现代文化思潮和启蒙精神作为建构中国文化现代性的重要话语资源，在具体的文化实践层面，往往“扬西抑中”。追溯 80 年代的文化、文学和文论的历史，便可以发现，“新启蒙”思想、自由主义精神、现代主义文学、先锋派艺术、结构主义、存在主义、现象学、精神分析学、英美新批评、接受美学等基本占据了 80 年代的文化话语阵营，传统文化理论的幽微阐发则相对滞后。这种文化格局的形成，与新时期的总体性意识形态及文化知识分子对西方现代性的信仰有着很大关系。汪晖曾指出：“1980 年代以至‘五四’以降，中国知识界对于中国社会问题的思考是在中国—西方的二元论中展开的，从而它对中国问题的批判无法延伸到对于殖民主义历史和启蒙运动所提供的那些知识和真理的反思之中，相反，对于中国传统的批判变成了对于西方现代性模式和现代历史的自我确证。”① 这也意味着，20 世纪 80 年代的文化知识界不可能感受到文化与文学的“失语”，也不可能提出“失语症”的问题。那么，何以到了 20 世纪 90 年代，文化与文论的“失语症”现象日渐浮出历史地表呢？这就必须分析，90 年代的文化场究竟发生了哪些本质性的改变。换句话说，不管“失语症”的提法是否具有话语的“合法性”，作为 90 年代文化知识界颇受关注的“话语事件”，它的出场必然有特定的知识社会学逻辑与思想根源。

---

① 汪晖：《中国“新自由主义”的历史根源——再论当代中国大陆思想状况与现代性问题》，载《去政治化的政治：短 20 世纪的终结与 90 年代》，生活·读书·新知三联书店 2008 年版，第 160 页。

首先，当代社会文化语域的改变，是导致“失语症”这一“话语事件”出场的根本原因。20世纪80年代文化知识界对“现代性”的理想召唤与对西方之“他者”的神圣化，同中国政治、经济与文化重建的总体性意识形态诉求保持着高度的一致。而到了90年代，由于改革开放进程的加剧、市场经济体制的建立、全球化格局与大众消费社会的形成，致使80年代形成的总体性意识形态框架和同一性话语逻辑逐步走向分裂与解体。激进政治变革的严重受挫，使文化知识界开始从偏执的后殖民情结中走出来，转而冷静面对西方；工具理性的滥觞，市场法则与消费逻辑的普及，日渐释放出曾被盲视与遮蔽的现代性负面元素；后现代主义对现代性的批判使中国的文化知识界开始重新反思中国与西方、现代与传统的关系；文化全球化格局的形成，使中国的文化知识分子更多地从全球性视野，而不是狭隘的本土立场来辩证看待中国的现代性问题。这种文化语域的改变，必然带来整个文化场知识生产与话语陈述范式的断裂与重构。其次，文化语域的改变与“五四”激进主义文化传统的中断，导致90年代的文化知识界出现多重话语转向，如从西学转向国学、从现代转向传统、从思想转向学术、从信仰转向研究等。这种转向与知识分子对自身身份与角色的调适有很大关系，市场经济与消费主义文化对知识分子启蒙精神的放逐，祛除了其作为思想主体的合法性，政治意识形态对文化知识界的重新体制化，最终将文化知识分子导向职业化与专业化的领地。这种转变使90年代的文化知识分子不再将自身视为毋庸置疑的立法者与文化英雄，而是自觉从文化与思想的神坛上走下来，转而以一个学术研究者与阐发者自居。淡化思想、回归国学、退守书斋，通过专业化的学理选择去寻找应对现实的价值根据，构成了90年代知识分子与80年代迥然不同的文化立场。如贺桂梅所言，90年代的学术界“首先是有关‘学术史’与‘学术规范’的讨论，对80年代‘空疏’的学风以及为‘五四’所限的学术范式提出批评；继而是在反省‘激进主义’的命题下，对从‘五四’延续至80年代的激进‘革命’传统进行批判”[①]。这种反思

① 贺桂梅：《“新启蒙”知识档案：80年代中国文化研究》，北京大学出版社2010年版，第2页。

与批判必然会改变80年代"扬西抑中"的学术话语范式，进而形成国学复归与重估传统的学术趋势。再次，90年代民族主义和新保守主义思潮的滥觞，进一步助长了文化知识界对民族本位文化和传统学术的持重。张婷婷认为："由于政治激进变革的受挫和大规模反传统思潮的销匿，新保守主义的兴起成为毋庸置疑的历史事实。作为对80年代文化激进主义及'西学热'的反弹，文化民族主义情绪的日渐高涨与中国民族本位文化的回归，为90年代中国社会稳定和意识形态重建提供必要的精神纽带和文化依据。"① 陈晓明在《回归传统与文化民族主义的兴起》中也指出："回归中国文化本位明确折射出保守性和'反激进'的双重含义。这使90年代的中国知识分子的学理追求，成为对现代中国文化保守主义的重新阐释和读解；不管其主观意愿如何，在客观的历史效果上，它及时连接了回归民族文化本位的学术史，有效地强调了中国文化的民族性特征。这样一种学理式的追寻，无形中滋长了一种民族主义的情绪。"但是，90年代的民族主义和新保守主义思想，在反"五四"激进文化传统的时候似乎有点走过了头，其矫枉过正之举反而促成了一种新的激进主义思想，即过于强调中国本土的传统文化渊源而彻底否定一个世纪以来的西化文明形态，甚至将西方影响下形成的现代文化视为文化虚无主义和文化病态。"由于百年来，对中国传统文化的评价总是陷入与西方文化相参照的二元对立模式，如此全面肯定中国文化，当然也就意味着可以对西方文化全面质疑。……以反激进为起点试图回归传统本位的学院知识分子，想不到他们提示的文化转折，如此迅速就酿就了激进化的思潮。"② 最后，90年代之后总体性话语格局的弥散与多元文化时代的到来，使任何一种学术话语都很难获得绝对的认同，而是形成了一种多声部的话语生态格局。民族主义和新保守主义、新自由主义与新理性主义，整理国故与反思西学等交相并置。文化知识分子在反省百年现代性的时候，深知文化传统与本土之根的重要性，试图通过回到民族本位、退回书斋以接续断裂的学术传统，并将其转化为构建新文化话

① 张婷婷：《中国20世纪文艺学学术史》（第四部），中国社会科学出版社2007年版，第217页。

② 陈晓明：《回归传统与文化民族主义的兴起》，《天津社会科学》1997年第4期。

语范式的重要话语资源；同时，他们又深知中国的现代文化不可能彻底与西方文化割裂开来，特别是自 90 年代之后，文化的全球化意味着任何异质性文明都必须被放置在全球性的文化语境之中进行辩证综合的考察。这也就意味着，所谓的学术理性和学术规范都只是相对而言的，而话语的论争、批判、对话与融合则成为 90 年代以后文化知识界的话语常态。

结合以上的分析，再来重新反思“失语症”的问题，我们就会发现，已很难再用“正诊”或“误诊”对其作简单的话语裁判与区隔，而应从辩证综合的立场上来理性审视这个典型的“话语事件”。就曹顺庆所提出的中国文论“失语症”问题而言，我们认为，这一提法之所以会在学术界引起反响与共鸣，其根本原因不是说它真正概括出了中国文化、文论话语的现实，对当代中国的学术现状特别是中国文论的发展现状作出了理性而客观的分析，对其存在的问题、发展的不足作出了正确的病理学诊断，而是说“失语症”较为形象地击中了自 20 世纪初期以来“扬西抑中”之激进主义学术思想的软肋，部分地道出了中国当代文化知识界普遍存在的一些问题，如骨子深处的西方文化中心主义情结，对传统的非理性拒斥，因缺乏理性的学术精神和学术规范而形成的空疏学风等。就中国当代文论话语而言，问题则表现为文论界对西方文论话语的过分持重，将西方文论设定为普遍适用的话语范式，在转译、移植与接受西方文论时表现得过于生硬与机械，缺乏创造性转化，再生能力贫弱，无法实现西方文论话语与中国本土具体文学经验的有效对接，一些学者囫囵吞枣般地吸收西方文论话语，对西方文论话语表现出过分的谄媚，完全无视传统文论话语资源的存在，在中西文论话语对比研究过程中，没有建立有效的对话机制，而是以中就西、以西释中，在不对等的话语阐释过程中消解了中国传统文论话语的民族特质。这些问题虽然自“西学东渐”以来就一直存在，但却长期被激进主义文化思潮所遮蔽和悬置。恰恰是到了 20 世纪 90 年代，随着市场经济与全球化时代的到来，激进政治变革的受挫和“后革命”语境的形成，迫使知识分子从西方转向中国，从他者转向本土，从世界转向民族，从思想转向学术，从信仰转向研究，这些问题意识才开始真正显现出来，并遭遇文化知识界的诉讼、审判和清算。当然，正如我们在上面的分析中所言，以"失语症"来诊断中国当代文化与文论话语，其实有矫枉过正之嫌，把百年来的文化与文论史视为完全的文化殖民史，视为文化病态与文化虚无主义，有危言耸听的味道，况且也并不符合百年中国文化与文论发展的实际。后发现代性国家对先进的文明与文化形态，本身就有一个从简单模仿、学习到创造性转化的发展过程，我们不应简单将中西文化的交媾、博弈、冲突与融合视为西方文化霸权压制、殖民中国文化，之所以这个过程在中国被认为是西方文化侵凌、解构、蚕食民族文化，改变民族文化心理结构与文化话语范式的殖民化行为，最终"失语"乃至"失根"，究其根本原因，无外乎有四个方面：一是文化知识分子潜在的殖民文化心理与殖民属地的文化自卑情结；二是"五四"滥觞的激进主义文化造成民族文化发展滞后和文化之根断裂的具体历史事实，以及在此基础上导致的民族自信心丧失；三是中西文化交流与融合过程中主动顺应与被动接受造成民族主体意识孱弱，文化创生能力弱化；四是民族主义与文化保守主义复兴之后，对中国文化现代性"镜像"的偏执性误识，或者说是话语修辞的产物。事实上，即便是赞同中国文化与文论罹患"失语症"的学者，也不可能完全否定中西文化和文论在交流融合过程中所取得的实际成就，不能不客观认识、理解和评价西方文论对中国文论所产生的积极影响，不能不以辩证和发展的眼光来看待传统文化与文论的现代历史境遇。曹顺庆之所以说"从某种意义上说，'失语症'的提法是一个策略性的口号。因为我们痛感学术界缺乏学术创新，一味追随西方话语，没有自己的理论话语，因而提出'失语症'以警醒学界"①。正在于他充分认识到"失语症"诊断的矫枉过正，因而将其置换成一个话语策略，其目的不是彻底批判与否定中国当代文化与文论，而是"警醒学界"。这一方面是对"失语症"诊断的偏激与片面作出了理性的自省；另一方面也是在告诫学术界，应该抛却文化思想上的偏见，立足于文化交流与对话的立场，以视界融合为目的来反思和建设中国当代文化与文论话语形态。不管是拥簇还是批判"失

① 曹顺庆：《从"失语症"到西方文论的中国化——重建中国文论话语的再思考》，《三峡大学学报》2005年第5期。

语症”的学者，都不要各自为政、画地为牢，而应秉持实事求是的学术态度，在尊重学术、尊重真理的基础上，实现文化与文论在相对主义文化语境之中的互通与共荣。我们通过反思“失语症”这一典型的“话语事件”，也认识到，中国文论要想真正走向独立自主与繁荣发展，就不能不走与西方乃至世界文论对话、交流、融合与创生之路；中国古代文论要想真正走向现代，走向世界，就不能不实现传统话语范式的现代转型。但愿我们的文化知识界能以“失语症”的诊断为警钟，时时提醒、告诫自己，采取兼容并包的方针，以静心慎独的学术态度，用跨文化、跨学科的学术方法，努力实现王元化先生所说的古今结合、中西结合、文史哲结合，以创造出具有中国民族特色又能与西方乃至世界对话，包孕传统意蕴又颇具现代意识，既有理论自觉又可解决现实问题的文论话语新样态，最终将中国文化与文论发扬光大。

第二节 路径与方式：关于中国古代文论如何转换的理论论争

“中国古代文论的现代转换”命题的提出，是学术界在回顾和反思百年以来中国文论发展道路的背景下提出来的。如我们在前面分析中国文论“失语症”问题时所言，自“西学东渐”以来，中国文论话语一直是在传统文论、马列文论与西方文论的相互龃龉与纠缠中艰难演进。而由于“扬西抑中”之激进主义文论话语范式长期主导中国文论话语场，遂形成了西方文论话语的霸权格局。传统文论研究长期停留于“清点财产”的整理阶段，理论建设的力度不够，难以有效投入现代文化和文学批评的具体实践之中去，甚至日渐沦为一种自说自话的私人化研究和古代文论学者专业圈子里的行话。随着“新时期”的终结，激进主义文论话语范式的式微，民族主义与保守主义思想的兴起，中国文论界，特别是一些治学于古代文论和长期从事比较诗学研究的专家和学者，在批判中国文论场过于倚重西方文论话语，完全忽视民族文论“灵根再植”的同时，转而开始认真考虑传统文论在当下的现实境遇问题。一方面，他们理性地认识到，随着整个社会文化结构的变革，语言和文学传统的断裂，文化心理结构与生活方式的转型，古代文论话语所赖以依存的文化地基已不复存在。中国现当代文论话语主要是在西方文论范式的影响下焦虑形成的，其整个话语形态和话语结构的特征表现为：追求严密的形式逻辑推理，明晰的概念和范畴以及宏大的结构体系等；而古代文论则是重体悟、轻体系，概念具有一定的模糊性和不确定性。这种话语的异质性，使古代文论很难以传统的话语形式和结构样态在以西方文论话语为主导的现当代文论场中圆融自洽。另一方面，古代文论毕竟也是中国传统文化重要的话语表征形态，她蕴含着中国传统文化的心理意识和民族精神，是中华民族文化根性的符号象征。这就意味着，要想真正建立民族文论话语形态，就必须充分汲取古代文论的话语资源，通过对古代文论的认真研究和创造性转换，以实现文论话语的古今对接与中西交融。正是带着这样的问题意识，文论界开始全面反思古代文论的现代转换问题。

如前所述，中国古代文论的现代转换的滥觞，以追溯至 20 世纪初期为宜。自晚清伊始，随着传统的断裂，古代文论就面临着如何进入现代文化语境、实现现代转化的问题，一大批的学者也为此做了许多的前瞻性工作。陈钟凡、郭绍虞、方宗岳、罗根泽、朱东润等先后出版了中国古代文学理论批评史著作，老舍采用“古代文说整理”与“新的理论比证”相结合的方法编写了《文学概论讲义》，朱光潜以中西文论的结合为坐标点撰写出版了《诗论》，钱锺书的《谈艺录》《管锥编》运用了传统诗话批评的形式，但在诗学内容方面则以“化和中西”为旨要，这些成果都具有转换的性质，从中可以看出中国学者对中国古代文论向现代转换所做出的努力。20 世纪 80 年代，一些文艺理论家也对古代文论研究的整体意识和方法思路进行了深刻的反思，如王元化先生在 1983 年就曾提出古文论研究要克服分工过细、各学科彼此隔绝和孤立的状态，采用古今结合、中外结合和文史哲结合的“综合研究法”。在研究方法和学科意识方面，已开始有了巨大的突破和创新，并产生了一些可喜的成果。① 但总体而言，相

---

① 参见蒋述卓《八十年代以来中国古典文论研究略评》，《文学遗产》1996 年第 3 期。

对于西方文论与马克思主义文论而言，古代文论的发展明显滞后，甚至可以说，在西方文论霸权话语的挤压之下，古代文论有被边缘化的迹象。有学者认为，之所以说中国文论话语罹患了“失语症”，关键就在于古代文论被西方文论绑架，难以在当下进行有价值的言说。正是带着这种强烈的学科危机感和对民族文论的拯救与重建意识，1996 年 10 月，中国中外文艺理论学会、中国社会科学院文学所和陕西师范大学中文系在西安联合召开“中国古代文论的现代转换”学术研讨会，自此开始，“古代文论的现代转换”的话题才真正浮出历史表面，进而成为文论界的话语焦点。1997 年年初，《文学评论》开设“古代文论的现代转化”专栏，集中探讨这一理论命题，试图矫正百年来文论研究过于追慕西学、忽视古代文论遗产的做法。杜书瀛、张少康、罗宗强、钱中文、曹顺庆、郭德茂、陈伯海、童庆炳、党圣元、蒋述卓等一大批文论研究专家，从不同层面对其进行了认真思考，从理论与实践层面共同推动了古代文论在当下语境中的创造性转换与发展。下面，我们结合文论界对“中国古代文论的现代转换”的思考，从目的、内涵、策略与意义四个方面来谈对这一理论命题的认识。

钱锺书先生曾在《古典文学研究在现代中国》中说：“古典诚然是过去的东西，但是我们的兴趣和研究是现代的，不但承认过去的东西的存在并且认识到过去的东西的现实意义。”这句话大致道出了传统文论现代转换的目的所在。任何传统的东西，要想使其发挥作用，不能只将其视为一种实然的历史存在进行纯客观的观照，而是要化静为动，用现代的眼光去激活传统、化育传统、创生传统，从而使传统在辩证的发展过程中走向现代，传统成为融入了现代文化因子的传统，而现代则是建基于传统文化之根的现代。克罗齐言“一切历史都是当代史”，“因为显然只有现在生活的兴趣才能促使我们探究一个过去的事实；由于过去的事实同现在生活的兴趣相联系，因此，它不符合过去的兴趣而适应现在的兴趣。”[①] 历史以当前的现实生活作为参照系，过去只有在和当前的视域重合时，才能为人所理解，也才能发挥其真正的精神作用。正是立足于这样的理解，有学者

① ［意］克罗齐：《一切历史都是当代史》，田时纲译，《世界哲学》2002 年第 6 期。

将“古代文论的现代转换”的目的理解为“古为今用”。蔡钟翔认为，古代文论的现代转换包含着两个命题，即研究和利用，应联系历史文化背景力求准确地诠释古人用语的实质，利用古代文论中的有用成分来构建当代文艺学，以“六经注我”的方式搞当代文艺学建设，恰恰要改造古代文论，实现古代文论的现代转换。[①] 蒋述卓强调古文论“古为今用”的原则，“古代文论价值的转换，古代文论理论观点与思维方法的发扬，以及古代文论话语的转型，只有参与到现实之中，才可能真正发挥出民族精神与特色的魅力，也才可进入到当今文艺理论的主潮之中，也才有古代文论在真正意义上的实现‘今用’，亦即所谓的‘意义的现实生成’。”[②] 党圣元认为，转化的重点“应该放在传统文化范畴体系的体认和建构方面，同时尝试运用传统文论概念、范畴进行思维以及运用于理论批评实践，以激活之，或曰活化之，从而使其真正参入、融合到当代文论话语系统中来，如此也就实现了‘现代转化’的目的”[③]。陈伯海认为，“立足于古文论自身体性的转变，由‘体’生发出‘用’，才能从根本上杜绝那种生拉硬扯、比附造作的实用主义风气。”[④] 也有学者认为，不能因强调“古为今用”而忽略了古文论自身的研究。罗宗强认为，应“以一颗平常心对待古文论研究，求识历史之真，以祈更好地了解传统，更正确地吸收传统的精华。通过对古文论的研究，增加我们的知识面，提高我们传统文化的素养，而不汲汲于‘用’”[⑤]。蒋寅则担心过于强调“用”会导致学术的功利化，而忽略了对具体文论的研究，他认为，古代文论毕竟是古代文学的理论，属于历史范畴的东西，我们在研究这份文化遗产时，应首先将其作为纯粹的认知对象。[⑥] 结合以上学者的论述，我们认为，“传统文论的现代转换”的目的，应包含以下几个方面：其一，古代文论的现代转换应坚持

---

① 蔡钟翔：《古代文论与当代文艺学建设》，《文学评论》1997年第5期。

② 蒋述卓：《论当代文论与中国古代文论的融合》，《文学评论》1997年第5期。

③ 党圣元：《传统文论范畴体系之现代阐释及其方法论问题》，《文艺研究》1998年第3期。

④ 陈伯海：《“变则通，通则久”——论中国古代文论的现代转换》，《文学遗产》2000年第1期。

⑤ 罗宗强：《古文论研究杂识》，《文艺研究》1999年第3期。

⑥ 蒋寅：《如何面对古典诗学的遗产》，《粤海风》2002年第1期。

"古为今用"的原则，但不应简单地将"用"理解为一种实际操作层面的话语技术学，"用"既指古代文论话语范畴经过当代阐释之后，能够进入具体的文学批评实践活动，从而产生话语的实际效用；同时，"用"还指古代文论话语所蕴藉的传统文化精神与价值，如何经过当代的创造性阐释和生发，成为文化生产、文学创作和文化接受的软资源，进而内化为民族文化心理结构的集体无意识与文化原型结构，成为"无用之用"。其二，"古为今用"并非是说任何传统文论的话语形态都可"用"，而是要结合当下的具体文化现实，反思古代文论话语的可用与不可用之处。相当多的古文论学者认为，古人留下来的传统都要认真研究、全盘吸收，祖宗的遗产不可丢，丢了就是不肖子孙，殊不知话语的生产总是不断地以新的范式否定和取代旧的范式，一些陈旧的范式被淘汰，另外一些则被赋予新的内涵，成为新的话语范式。这就意味着，"用"必须是选择性的用，真正需要转换的，是我们今天用得上的文论话语范式。其三，何者可以转换，何者应被大胆地舍弃与淘汰？我们认为，古代文论的现代转换过程，同时也是古代文论的辩证扬弃过程，但这种辩证的扬弃应以学理性研究为前提，既要坚持童庆炳教授所说的"历史优先"原则，也要坚持在古今融合、中西比较的基础上实现古代文论与时俱进的发展。

立足于这样的目的来反思"中国古代文论的现代转换"的内涵，我们认为，首先应对古代文论传统进行系统化的发掘、整理和研究，应坚持古代文论是古代的文论，但又是面向现代的文论，应始终秉持历史唯物主义与辩证唯物主义相结合的研究方法，既要看到古代文论话语的历史性生成逻辑与特定的历史内涵，又要持辩证发展的眼光，认真钩沉其在历史演绎过程中所发生的话语流变踪迹。举一个例子来说，古代文论中"诗可以怨""发愤著书""不平则鸣""穷苦之言易好""诗穷而后工"等话语，许多古文论研究者将其归结为"痛苦出诗人"，钱锺书先生在《诗可以怨》中如此解释："苦痛比快乐更能产生诗歌，好诗主要是不愉快、烦恼或'穷愁'的表现和发泄。这个意见在中国古代不但是诗文理论的常谈，而且成为写作实践里的套板因。"[①] 但"诗可

① 钱锺书：《七缀集·诗可以怨》，生活·读书·新知三联书店2002年版，第116页。

以怨”与“诗穷而后工”真的可以同质化为“痛苦出诗人”吗？我们认为，源于春秋战国时期的“诗可以怨”，同秦汉之后演化生成的“诗穷而后工”诗学话语，其实有着显著的区别，我们应结合历史的发展变化去辩证分析，而不应用“一言以蔽之”的方式对话语进行同质化，这样必然会忽略话语的差异性，最终遗漏掉诗学话语丰富的历史文化意蕴。[①] 事实上，古代文论中有相当多的概念范畴，都要放到具体的历史文化语境之中详细加以考察，特定的概念范畴何以在特定的历史时期生成，又在历史演变的过程中发生了怎样的流变，何以会发生这样的流变？这是我们在创造性转化古代文论话语时必须要注意的，因为我们的转换，其实就是对古代文论话语进行新的历史化，必须遵从历史化的逻辑。其次，所谓的转换不是简单地将古代文论知识翻译成现代汉语，翻译是古代文论现代转换的最基础性、最常规的工作，但还是浅层次的。有学者认为：“对古代文论的阐述，建构古代文论的理论范畴、体系，即使是严格地限于原有范畴、观念之内，即‘照着讲’，也已是一种现代阐释，一种现代转换。同样，对一些原有理论范畴、给以新的阐释，形成新的理论，即‘接着讲’，更是一种当代阐释，一种现代转换。”[②] 这种理解似乎赋予“转换”过于宽泛的意义。传统文论的现代转换，并非是纯粹语言技术方面的转换，更是话语范式的重建和话语思想的重塑，要认识到，转换并非仅仅是理论上的重新阐释，而且是思想上的重新历史化，是要让古代文论真正融入当代文学批评话语的结构之中。转换工作应紧密结合当代的学术实践，结合具体的文化语境和文学批评实践，遵循德里达所谓的“旧语移植逻辑”，实现古代文论话语的创造性转化。曹顺庆说：“所谓古文论的现代转换，并不是说一定要将古汉语、古文论中的某些概念、范畴生硬地搬到现代来使用，或将其‘翻译’成现代汉语，而是试求以传统诗学的思路言诗。所谓重建中国文论话语也不是要复古，而是在西方诗学全面取代中国传统诗学并已出现

① 参见李艳丰《“诗穷而后工”诗学话语谱系的文化学阐释》，《云南社会科学》2014 年第 2 期。

② 屈雅君：《变则通通则久——“中国古代文论的现代转换”研讨会综述》，《文学评论》1997 年第 1 期。

‘失语’危机的情形下，试求传统诗学与现代诗学这两种知识形态的互相校正、融合与互补。”① 最后，中国古代文论的现代转换，应从当代文论视界着眼，在其基础上对古代文论进行改造、翻新与盘活。钱中文教授认为，现代转换实际上就是用“当代性”来审视古代文论，对古文论遗产的转换，必须“以当代意识为基础的现代性，和与之相同的不断生成的、不可阻挡的历史性为准则”，要“结束那种绝对化的非此即彼的思维方式，即在学术思想上，避免那种绝对对立的、独断式思维”，“倡导一种走向宽容、对话、综合与创新的思维，即包含了一定的非此即彼、具有价值判断的亦此亦彼的思维”②。陈伯海认为：“变原有的封闭体系为开放体系，在开放中逐步实现传统的推陈出新，这就是我对‘现代转换’的基本解释，也是我所认定的古文论现代转换应取的朝向。”③ 程勇认为，“对古文论研究来说，现在最迫切的是要回到文化创造的思路上来，古文论研究者对当代文化状况的隔膜状态不能再持续下去了”④。这些意见较为深刻地道出了古文论现代转换的内涵。

关于“中国古代文论的现代转换”的策略问题，也就是在明白“转换”的目的与内涵之后，如何从理论与实践层面将古代文论的概念、范畴与话语范式等转换为当代可用的文论话语资源。党圣元教授指出：“中国古代文论现代转化并非仅仅是一个属于观念认识层面的问题，而更主要的是属于学术实践层面的问题。”⑤ 我们认为，古代文论是有可能，而且必须转换为现代文论话语资源，其所具备的文论价值才得以最终凸显出来。也就是说，古代文论的现代转换，同时涉及一个话语重建的问题。但是，如果找不到合适的方法和策略，古代文论的现代转换与话语重建也就成了一句空话。自20世纪90年代以来，文论界就如何实现古代文论的现代转换与话语重建提出了许多宝贵意见。如杜书瀛提出古代文论的现代阐释的

---

① 曹顺庆：《从“失语症”、“话语重建”到“异质性”》，《文艺研究》1999年第4期。

② 钱中文：《文学理论：在新世纪的晨曦中》，《文学评论》1999年第6期。

③ 陈伯海：《“变则通，通则久”——论中国古代文论的现代转换》，《文学遗产》2000年第1期。

④ 程勇：《解释型与创造型：中国古文论研究的两种类型》，《文艺理论研究》2001年第1期。

⑤ 党圣元：《传统文论范畴体系之现代阐释及其方法论问题》，《文艺研究》1998年第3期。

具体操作方法为：实谓——原作者实际上说了什么；意谓——原作者（或原典）想要表达什么；蕴谓——原作者可能想说什么；当谓——我们诠释者应该为原作者说出什么；创谓——为了救活原有思想，或为了突破性的理路创新，我必须践行什么，创造地表达什么。郭德茂提出古代文论转换的五种操作模式：一是顺水推舟式，对某一概念或范畴，从新的角度根据时代内容加以填充和推演；二是脱胎换骨式，对一些命题加以新的解释；三是举一反三式，对原有的理论概念进行再次检视甚至反向思维；四是嫁接生成式，通过概念的重构与升华，构成新的具有丰富内涵的理论形态；五是另起炉灶式，在前人的基础上，结合时代特点寻求理论形态的变异与新造。① 童庆炳教授认为，现代视野中的古代文论研究在策略上应该坚持"三项原则"：历史优先原则，即有必要通过科学的考证和细致的分析，尽可能接近古代文论原有的历史语境，恢复其本源性的意义存在，如作者论点的原意，与前代思想的承续关系、背景因素、现实针对性等；"互为主体"的对话原则，即以中西和古今两个维度的对话来激活古代文论，从而达到彼此之间的互补、互证和互释，从而对古代文论的遗产进行转化，使其能为今天所用；逻辑自洽原则，即在对话中达成逻辑的自洽，对话不是各说各的话，而是要有必要的沟通、融合、吸收、交锋、碰撞，要通过对话有所发现，有所创获。② 曹顺庆、李思屈从四个方面谈到重建中国文论的路径和方法：一是"传统话语的发掘整理"，"从现代的学术视点出发，对传统文论的重要概念和范畴进行清理，对传统文论的范畴和言说方式的内在文化意蕴进行更深入地发掘"。二是"在对话中凸显与复苏"，通过古今对话、中西对话，形成不同话语之间的"复调式"对白，从而使异质话语达成交流与融合的可能。三是"在广取博收中重建"，广取博收必然形成一个"杂语共生的阶段"，在杂语共生中既与他者交流对话，又确保自身话语的独立性。四是"在批评实践中检验其有效性与可操作性"，重建的最终目的还在于指向具体的文学批评实践。③ 总体而论，文论界对古

① 参见屈雅君《"中国古代文论现代转换"的新信息》，《人文杂志》1997年第2期。

② 童庆炳：《中国古代文论研究的现代视野》，《东方丛刊》2002年第1期。

③ 曹顺庆、李思屈：《重建中国文论的基本路径及其方法》，《文艺研究》1996年第2期。

代文论现代转换策略与方法的思考，基本上可以概括为这样四个层面：一是整理国故、研究传统；二是激活传统、走向创生；三是古今对接、中西化合；四是重建话语、介入实践。我们从这四个层面出发，谈谈自己对古代文论向现代转换策略的看法。首先，就“整理国故、研究传统”而言，我们在前面已经谈到，对传统的整理和研究，必须运用辩证唯物主义和历史唯物主义相结合的方法，对古代文论的概念、范畴、运思方式、话语体系及其所映照的民族文化心理等进行客观化、具体化与历史化。这是一项复杂而浩大的基础工程。这一环节做不好，转换也就变成不切实际的空话。在整理和研究的过程中，我们可以将古代文论的研究分为理论研究与应用研究。所谓理论研究，是指将古代文论视为一种纯粹的传统文化知识结构和民族文化精神的符号载体，对其进行全面综合的研究，这样的研究可以事无巨细、锱铢必较。应用研究则是要通过具体的研究，分辨出哪些概念和范畴已然作古，难以实现或无须转换，哪些概念和范畴同今天的民族文化心理有血脉勾连，可以经过话语的重新阐释获得转化的可能。古代文论的现代转换命题，主要可以归结为古代文论话语的应用研究。当然，应用研究不能脱离理论研究，双方应实现辩证的统一，才能夯实古代文论现代转换的学理性基础。有学者认为，一定的范畴与产生它的文学思潮密切相关，并不适合于文学发展的一切阶段，范畴自身的这种性质是否为我们提供转换的可能性？此外，我们现在对范畴研究的水平是否已经达到了应用的层次？[①] 这种质疑是有道理的，也是我们在研究“传统文论的现代转换”课题时必须面对的。其次，“激活传统、走向创生”主要指我们的古文论研究，不要陷入所谓的“私人化研究”之中，而是要努力实现视界的融合，让传统和现代脐带相连。这就需要研究者能够抛却纯粹客观主义的理论立场，吸收西方解释学的话语精髓，从现代文化语域与文化主体的接受视界出发，来实现传统文论话语的创生。这意味着，对传统的激活与创生，必然包含着对历史的某种误读和偏见，因为我们不可能超出特定视域的限定以及文化结构对主体的规约。但这种误读与偏见又是合理的，正

① 罗宗强：《古文论研究杂识》，《文艺研究》1999 年第 3 期。

如伽达默尔所言，偏见是“合法的偏见”，“偏见并非必然是不正确的或错误的，并非不可避免地会歪曲真理。事实上，我们存在的历史性包含着从词义上所说的偏见，它为我们整个经验的能力构造了最初的方向性。偏见就是我们对世界开放的倾向性”①。主观的解释学要求我们构建文论话语的效果历史，要深入话语的深层生成机制，如民族的文化心理结构、生命运思方式和传统文学经验等，以发掘出传统中隐秘的现代质素和现代文化中沉潜的传统因子，进而实现传统的激活与创生。再次，“古今对接、中西化合”更多地涉及转换的策略与方法论问题。如何实现古今对接、中西化合，这其实给从事中国文论研究的学者提出了很高的学理性要求。要想真正实现古今对接、中西化合，文论学者就必须做到精通古今、学贯中西，而当代文论界恰恰缺乏这样既精通国学又谙熟西方文论的文论家。有的古文论学者长期沉湎于古籍的考据与整理，钻入故纸堆后却发现不知今夕为何年。这种严守学科壁垒，不掺和当代文论话语建设，不介入当代文学经验现场的文论研究模式，几乎成为古文论研究界的通病。要想真正实现古代文论的现代转换，就必须打通古今和中西文化的界域，实现古今中西文论话语的比较研究与对话研究，而这种打通、比较和对话，并非是20世纪初期以来形成的“以西释中”“以中注西”的被动型阐释，而是要在恪守中国古代文论的本土性、民族性和异质性的前提之下，实现古今与中西的多元共存与平等对话。我们不反对像叶维廉、刘若愚、宇文所安以及台湾的“阐释学派”对中国文论所做的西化阐释，但我们更希望研究者能够立足本土的文化视域，使中西文论话语能够平等地交流碰撞，最终实现民族诗学话语的建构，进而在民族性中生发出世界性。最后，“重建话语、介入实践”主要指古代文论通过各种有效的转换策略，生成新的话语范式或话语形态，从而可以参与到当代文学批评现场。“重建话语”一方面指我们通过创造性转化，赋予某些古文论话语以新的文化语义和时代征候，这种新的赋意构成了古代文论话语绵延的生命张力。另一方面指我们可以创造性地运用诗话、诗品、诗

① ［德］伽达默尔:《哲学阐释学》，夏镇平、宋建平译，上海译文出版社2004年版，第9页。

格、评点等古代文论批评的话语形式，以及以感悟性批评为主导的话语运思方式；“介入实践”就是运用新的话语范式来拓展古代文论研究的边界，并能在当代文学的批评实践活动中发出自己的声音。这是古代文论现代转换的终极目标，也是衡量古代文论是否真正转换为现代文论话语资源的重要标准。

“中国古代文论的现代转换”命题的提出，具有重要的理论与现实意义。它标志着20世纪初期以来激进主义话语传统的终结和民族主义文化精神的回归。自此开始，中国当代文化与文论知识界开始真正从历史化与本土化的层面出发，理性反思全球化时代中国文化与文论话语的民族性建构。这种话语趋势，反映出中国民族知识分子强烈的文化自觉意识。一方面，他们认识到全球化时代文明与文化冲突的现状，试图祛除百年中国现代文化进程中蕴藉的后殖民主义情结，通过“灵根再植”“体用结合”“古今对接”“中西化合”的方式来激活传统、张扬传统，从而接续民族文化的血脉脐带；另一方面，他们在强调传统文化与文论话语民族根性的同时，并没有陷入狭隘的民族主义和文化相对主义的拘囿之中，没有偏执地否定百年来中国文化与文论受惠于西方文化和文论话语的既定历史事实，而是试图通过运用对话主义的策略，使中西文论话语在交流与融合的文化语境之中走向范式的创生。“中国古代文论的现代转换”既是古代文论走向现代的必然吁求，也是中西文论话语走向交往与对话的关键所在。当然，由于诸多方面的原因，“中国古代文论的现代转换”历史进程的推进还十分缓慢，我们在转换方面所取得的成果还不是很多，有学者甚至对这一举措抱着怀疑与抵制的态度，如陈洪、沈立言就认为，传统文论的某些命题迄今仍被广泛认可和采用，并不意味着它可以在不远的将来再生、复兴，传统文论概念术语使用的随意，分体文论的不平衡，理论创新动力不足等弱点，使得古代文论话语很难直接转化为现代文论话语系统。[①] 王志耕认为中国古代文论的语境已经缺失，只能作为一种背景的理论模式或

① 陈洪、沈立言：《也谈中国文论的“失语”与“话语重建”》，《文学评论》1997年第3期。

研究对象存在，如果将它运用于当代文学批评，则正如两种编码系统无法兼容一样，不可在同一界面上操作。① 郭英德认为：“就其极端的意义而言，‘传统’是拒斥现代化的，是不可能实现所谓的‘现代转换的’；如果谋求‘传统’的‘现代转换’，只会伤筋动骨，不能脱胎换骨。”② 胡明则认为：“‘转化’、‘贯通’的历史要求并未落实，最多只能拿出一些用来炫耀与装饰的皮毛功绩、一堆思考与探索的半成品：模型与工事。彼此对对方的掘进方案与技术深怀疑团，结果是日长师劳，知难而退，悄然收工。——西自西，东自东，古自古，今自今。”③ 这些质疑和反对意见也并非完全没有道理，而是从否定的视域为我们指出了问题所在。要想真正实现古代文论的现代转换，也就必须正视这些问题的存在。我们认为，“中国古代文论的现代转换”命题的提出具有历史的必然性与合理性，是当代文化与文论知识界必须坚持和坚定的一项文化事业，也正如童庆炳教授所言：“中国古代文论的现代转化的研究工作将不受任何干扰继续进行下去，他们正守在‘家’里，守在中华古代光辉灿烂的文化的‘根’旁，请放心，一代又一代的学者有足够的诚心与决心、耐力与能力，他们绝不会‘收工’，他们也不会迷失自己的路。我们看好‘现代阐释’‘现代转化’的学术前景。”④ 而这也正是我们对“中国古代文论的现代转换”所秉持的基本学理态度。

第三节 中国古代文论现代转换的理论反思

19 世纪末 20 世纪初，随着中国传统文化的断裂与“西学东渐”格局的形成，中国古代文论话语开始面临解构的危机与阐释的困境，这主要表现为：封建政治、经济与文化的衰朽腐败，使古代文论日渐丧失其文化意

① 王志耕：《话语重建与传统选择》，《文学评论》1998 年第 4 期。

② 郭英德：《文学传统的价值与意义》，《中国文化研究》2002 年春之卷。

③ 胡明：《新世纪中国文学理论体系的建构伦理与逻辑起点》，《中国文化研究》2002 年春之卷。

④ 童庆炳：《再论中华古代文论研究的现代视野》，《中国文化研究》2002 年冬之卷。

识形态的权力“合法性”；以古汉语为介质的传统文学的退隐和汉语新文学的出场，造成了古代文论话语言说语境的陌生化；中国文化的现代性进程对传统过于偏激的审判与拒斥，造成了传统文化与现代世界的精神隔膜，最终导致古代文论在现代经验世界陷入话语“独白”的尴尬境遇；西方文艺思潮的涌入和文艺知识分子对西方现代理性文明的艳羡，给中国的文论话语场隐蔽地植入了西方文论中心主义的后殖民情结，使古代文论无形中变成了演绎、注释西方文论话语的工具性符码，等等。这些理论与现实困境，既让中国古代文论学者感受到了强烈的危机意识，同时也促使他们理性思考中国古代文论的现代命运。一些精通国故、深谙西学的新锐学者，开始从狭隘的民族主义精神桎梏与保守主义文论传统中解放出来，并站在中西比较的视域来反思和观照中国古代文论话语。

基于这样的理论处境与现实，可以说，中国古代文论从 20 世纪初走到现在，中国文论似乎一直没有停止过现代转换的步伐，一代代学者为传承、发展古文论、推动古文论与西方和世界文论话语的交流、融合作出了巨大贡献。但总体而言，中国古代文论在当代的境遇还显得不容乐观，从“别求新声于异邦”到如今被西方文论绑架而重新“反求诸己”，中国古代文论发展到现在，并没有走向“凤凰涅槃”般的新生，反而再度陷入了话语言说的焦虑与困境。有学者认为，当代中国古代文论研究，作为一门学科已经完全西化了。它是五四运动中传统文化遭受空前危机而学界恰逢“西学东渐”的内外夹击下形成的，一开始就未曾顾及中西方文论的异质性元素，从而使中国古代文论在西学视野下丧失了本然的生命力。“中国古代文论在呈现出规范化、理论化、系统化的同时，也成了西方文论思想的一种注脚，而中国本身的文论话语则丧失了自觉性，最终亦难免导致中国文论的‘失语’。”① 这样的说法虽然未免极端化，但中国古代文论在当代的现实际遇，确实引起了诸多学者和文艺知识分子的广泛关注，他们一方面客观总结中国古代文论在百年历史进程中所取得的成就，另一方面又开始理性回顾、审视 20 世纪以来中国文论与西方文论话语的龃龉与纠缠，

---

① 曹顺庆：《论中国古代文论的中国化道路》，《中州学刊》2008 年第 2 期。

反思、诊断中国古代文论现代性进程中的迷误与偏执，并在此基础上开出救治的药方，使中国古代文论能重新回归本土化与历史化的话语轨道，进而成为能真正同西方文论进行交流、对话的、具有中国民族特色的、能有效介入当代文艺批评场域的现代文论话语形态。

当代学者童庆炳先生曾主张用“现代转化”“现代视野”或“现代意义”来“盘活”或者更新中国古代文论资源。他认为:“中西对话、古今对话是实现新形态的文艺理论建设的基本途径。我不太同意用‘转换’这个词，我喜欢用‘转化’这个词。古文论不可能‘转换’成现代文论，但古代文论可以融化、转化到现代形态的文论中来。就是说，对于古代文论的研究，不是单纯‘发思古之幽情’，而是现实的文论建设的一个方面，因此揭示古代文论的现代意义是古今对话的根本目的。”① 在古今对话的基础上，进行古代文论的“现代转化”或进行现代阐释，建设一种与当代文学创作实践相契合的具有时代精神和民族特色的文论体系，既是当代文论建设的主要目标，同时也是古文论研究未竟的主要难题。这样的理论路径有其合理之处，当然更值得尝试，因为中国古代文论主要建立在中国古代思想文化资源的基础之上，古文论研究不可避免地要追溯甚至回归中国古代文化思想资源，但是，这并非意味着古文论研究就一定要抱着古代的思想文化资源不放，甚至走回到以往的理论路径上去，事实上，无论从理论话语来说，还是从批评实践上看，也无法真正回到古文论原初的理论路径。在这个意义上，中国古代文论的“现代转换”还是“现代阐释”就显得意味深长了，说白了，这是一个很合时宜的问题，但路径与实践方式困难不少，所以，在尊重古文论原有的思维方式、理论方法及其批评实践的基础上实现守正更新不失为一种可为的方向，正是在这样的层面上，童庆炳先生才提出古文论研究必须在强化原有的思想文化传统的基础上走向现代阐释。

那么，究竟什么是“现代阐释”？这个“现代阐释”倒不一定就是所谓的“现代转化”。就中国古代文论的现代发展而言，“现代转化”或者

---

① 童庆炳:《中国古代文论的现代意义·导言》，北京师范大学出版社 2001 年版，第 3 页。

“现代转换”都带有一种人为的硬性调整的意味，这在理论的层面上是困难的，在现实的层面上也难以真正将中国古代文论的概念、范畴与理论落实于批评实践之中。正像有的学者所说：“研究者深感中国文论在世界文坛的微弱，便疾呼通过古代文论建立中国的批评话语，其初衷不可谓不佳，但这与争论中西方文化的体用关系一样，显然又是一个永无休止的话题。……其实此种设想充其量不过是一厢情愿的理想期待而已。”① “现代阐释”则不同，它强调的是一种阐释性的理解分析的方法观念，不强求人为的硬性理论调整，而是重在批评阐释中的理论继承与革新，特别是在面对具体文本批评中将中国古代文论话语资源及其相关的概念、范畴落实于批评实践过程。因为“古代文论的当代意义需要不断地生成，它不是一个既成的结论体系，而是一个不断阐释的过程，而且用以阐释的方法应该是多样化的，因而它就不是一个封闭的体系，更不是一个完美无缺的系统。因此，与其说古代文论的‘当代性’是一种目标性的知识形态，毋宁说它是一种有待激活的精神资源”②。所以，古代文论能否进入所谓的现代发展，不但要看中国古代文论话语能否与今天的文学理论和批评话语系统相衔接，更主要的，还要看具体的批评实践效应如何，这就包含了今天的文学理论与批评话语与中国古代文论的阐释沟通问题。更何况，从古代文论研究的历史而言，无论是文献考证研究，还是文本批评阐释，其实所有的研究过程中，人们并没有刻意“转换”，而是一种体验与阐释式的分析占据了上风，所谓“理清旧义，激活新意”，其实就是一种现代阐释的工作。

从1996年西安会议上，中国古代文论的“现代转换”说法提出并进入中国当代文论研究领域以来，各种讨论意见不一而足，各种截然相反的意见自然存在，更有甚者，同一研究者在不同的时期不同场合的观点都明显前后矛盾，近30年过去了，这说明中国古代文论研究围绕“现代转换”的各种论争仍然没有一条清晰的线索，虽然究竟是“正诊”还是“误诊”恐一时难以说清，但在具体的批评实践中缺乏成功的“转换”案例却是人

---

① 左东岭：《古代文论研究的三种对话关系》，《天津社会科学》1997年第6期。

② 党圣元：《在传统与现代之间——古代文论的现代遭际》，山东教育出版社2009年版，第223页。

们的基本共识，当然，这也是我们所长久期待的。另外，围绕中国古代文论的“现代转换”研究其实还有一个重要的问题值得我们反思，那就是，这么多年来，在理论的层面上反思中国古代文论研究的现代阐释，大部分的焦点都集中在“现代转换”的理论论争上了，它已经成为中国当代文论研究中的一个重要“事件”，但具体完善的理论与实践经验却乏善可陈，结果变成了一种为追求热点而进行的“热点研究”，这也正是中国古代文论的“现代转换”研究给我们当代文论提出的一种重要的理论警醒。

第四章

消费时代，艺术何为：文化消费与日常生活审美化

伴随着经济全球化与文化全球化时代的到来，消费文化的崛起进一步加剧了文化现代性视野中感性与理性的分裂，消费文化与政治意识形态相融合，在社会文化生态中制造的是实用主义和媚俗主义。中国当代美学处在全球化的语境中，面临着消费文化带来的双重困境：以“功利”为核心的实用主义成为一种主要的社会意识形态，消弭了美学研究的介入性与政治性；以“娱乐”为核心的媚俗主义全面侵袭日常生活，损伤了文学研究的经典意识和精英意识，文学研究和美学研究难以保持独立意识，古典与现代的连接成为一个难题。在文化全球化时代，消费文化不仅是一把双刃剑，而且是一条美学研究难以逾越的巨大鸿沟。中国当代美学研究要突围，不仅要面对“中国与世界”“自我与他者”的问题，更要慎重对待“古典与现代”“审美与生活”的矛盾。

第一节　消费时代，艺术何为：文化消费时代的艺术悖论

20 世纪 90 年代以来，随着经济大潮的到来，人们比历史上的任何时刻都迷恋于“消费”所带来的种种诱惑体验。“我们处在‘消费’控制着整个生活的境地”[①]，法国学者波德里亚如此论断并非夸大其词。“消

① ［法］让·波德里亚：《消费社会》，刘成富译，南京大学出版社 2001 年版，第 6 页。

费是个神话"[①]，在很多时候，人们不仅陶醉于它给我们带来的物质满足之中，而且由于文化消费的广泛性与大众化，人们欣喜地庆贺自己轻而易举地成为文化与艺术的积极参与者，在有可能让我们的生活充满"审美化"和"艺术化"的设想中，人们更多地认同与"消费"结伴而行的娱乐逻辑和享乐主义。英国社会学家迈克·费瑟斯通告诉我们，对新品味与新感觉的追求、对标新立异的生活方式的建构（它构成了消费文化之核心），是将生活提升到艺术化境界的标志。[②] 当生活模仿艺术的幻想正在实现，休闲与娱乐作为当代生活主流已经不是遥不可及的理想之时，这样的观念更符合"娱乐至死"的主张。

毋庸置疑，在消费文化君临城下之际，高雅与通俗、精英与大众的争论已经不再热烈，"无边的轻与重""永恒的生与死"等那些思考人类终极意义的问题在时装的流行色、电视中的选秀热、生活杂志的新风格面前也显得曲高和寡，当生活走向为艺术的谋划在娱乐与休闲中变得轻而易举，"艺术何为"的命题更显得有些不合时宜。但如果这是我们正在面对的现实的话，那么，也意味着我们将必须面临它带来的文化困境。在消费文化面前，我们的生活日益被物质化的需求所控制，功利主义意识形态不断地侵蚀当代审美文化的现实空间，消费中的艺术正借"通俗"与"大众"之名面目全非，这正是需要我们对消费文化进行严肃地批判反思的理由。

消费时代，艺术何为？在消费文化时代，这仍然是一个重要的话题。因为在消费文化中，当代审美文化现实已经露出这样的端倪，"躬奉消费主义的大获全胜，曾经门庭若市的美学早已步入穷途"[③]。文化和艺术正借"通俗"之名斗志昂扬地鼓舞"媚俗主义"全面侵袭日常生活；借助于技术与传媒力量的日益发达，消费社会的文学艺术正日益消弭它的经典意识和精英意识，甚至面临"消亡"。越是在这样的时刻，"向诗致敬"

① ［法］让·波德里亚：《消费社会》，刘成富译，南京大学出版社2001年版，第227页。

② ［英］迈克·费瑟斯通：《消费文化与后现代主义》，刘精明译，译林出版社2000年版，第98页。

③ 徐岱：《基础诗学》，浙江大学出版社2006年版，第1页。

“向诗性文化致以一份永远的敬意，唤起人们对这份宝贵精神财产的热爱与珍惜”[①] 越发显得重要。从社会学的视野看，消费是人类社会历史发展中的普遍现象。法国学者尼古拉·埃尔潘在《消费社会学》中就认为，消费不仅是经济领域与日常生活领域物质交换和沟通的必需渠道，而且是资本与日常生活实践发生关系的重要方式，因此消费兼有经济和文化含义，消费并不仅仅是人的经济活动的属性，而是人的存在的基本属性之一。[②] 让·波德里亚在他的《消费社会》中也谈到，消费不单是生产的结果，也是生产的形式，消费不是生产的“镜像”，它以一种符号的秩序构成了文化生产的方式。[③] 但是，波德里亚也提出，“和一切自重的伟大神话一样，‘消费’的神话也有其话语和反话语。”[④] 即伴随着对消费社会种种顶礼膜拜的歌颂性话语的泛滥，批判性思考也应是面对消费文化的理性形式。这种批判不单单是对消费社会带来的需要过剩与欲望扩张的反思，还包括对消费逻辑导致的功利主义和实用主义意识形态的拒斥，更有着对包括文化艺术在内的整个人类文明出路的省思。

值得一提的是，在这种省思中，人们很容易走向一种日常性的话语困顿，也容易走向个人化的情绪宣泄，鲜见的是立足艺术实践熔铸生命体验落实现实关怀的人文思考。在这方面，中国当代学者徐岱先生的《艺术新概念》给我们提供了很好的理论参照。徐岱先生说道：“在灯红酒绿的生活世界，我们常常会迷失自我，一方面欲望太多，另一方面又未能得到真正值得满足的需要。所以，需要对文明的需要本身进行反思和审视。只有澄清了我们自身的需要，我们才能从容面对‘何处去’的困惑。”[⑤] 在消费主义弥漫生活的时代，这样的思考发人深省，特别是在后现代主义解构崇高抹平价值形成生活理想之时，我们更应该体会到其中的深意。《艺术新概念》以深广的人文情怀审视消费社会的艺术实践，并非完全是以“反

① 徐岱：《基础诗学》，浙江大学出版社 2006 年版，第 2 页。

② ［法］尼古拉·埃尔潘：《消费社会学》，孙沛东译，社会科学文献出版社 2001 年版，第 7 页。

③ ［法］让·波德里亚：《消费社会》，刘成富译，南京大学出版社 2001 年版，第 226 页。

④ 同上书，第 227 页。

⑤ 徐岱：《艺术新概念》，浙江大学出版社 2006 年版，第 196 页。

话语”的形式对消费文化的负面作用作批判性反思，而是深入地思考消费社会中的艺术悖论。在徐岱看来，消费社会中的艺术悖论就在于，一方面，我们无法阻挡当代审美文化现实快速地进入了一个极度感性化、肉身化和平面化的历史阶段；另一方面，片面的娱乐化冲动与极度的感性化消费欲望制造了当代艺术实践的伦理与价值危机。作者已经敏锐地认识到，“当后现代文化不仅全方位地与娱乐结盟，而且还网开一面地以审美的名义为媚俗文化鸣锣开道之时，它的艺术含量已经十分稀少。”[①] 这样的思考无疑会让我们思量，随着王朔“痞子小说”和周星驰“无厘头电影”的崛起，艺术天地搞笑逗乐、曲艺杂耍装疯卖傻蔚然成风，躲避崇高、颠覆神圣、解构伟大被视为文学艺术实践的主要成绩，但是，现代美学如何对此进行评估却是我们目前应该重视的问题。如果说，当代物质生活已经无所不在抑或不可或缺，我们无法回避消费是一种事实的话，那么，面对“娱乐至死”的“豪言壮语”，我们是否该对消费文化中审美观念的沉沦与艺术崇高精神的丧失保持一分警惕？不可否认，在某种程度上，当代消费文化强化的是刺激生命表层松弛与快适的“宜性快感”，缺乏的是真实合理的陈述与令人为之“动容”的“思想”，在艺术实践中煽动的是那种一时之性的游戏与一念之意的趣味。当代消费文化满足于营造讲究心智和机巧的趣味迷宫，使人生中那些原本尖锐的和不可调和的崇高体验全都温和化、委婉化、享乐化了，所以，就现实而言，消费文化缔造的并非一定是“日常生活的审美化”，而极有可能是“日常生活的庸俗化”。为此，《艺术新概念》更强调“痛并快乐”的审美内涵，更钟情于“审美存在”与“诗性正义”，更尊重那份超越自恋意识与游戏精神的审美实践和幸福体验。

在欢呼与庆典的仪式上，这样的思考不是杞人忧天而是用心良苦。我们不能忘记美学家阿多诺的告诫：大众音乐在带来艺术的普遍化快感体验的同时，也带来了“个性的泯灭”“听觉的退化”；大众文化在带来文化参与的广泛性与文化消费便利的同时，也败坏了音乐品位，降低了普遍的

---

① 徐岱：《艺术新概念》，浙江大学出版社 2006 年版，第 117 页。

文化水准。① 这也正是我们面对所有的问题。在一个媒介与技术泛滥的社会里，艺术与文学经典的旁落固然和媒介借通俗之名推波助澜有关，但我们不再关心包括艺术在内的一些重要的事情也是造成消费社会的艺术悖论的原因。② 在消费社会中，美学研究要突围，作为人文学术核心的美学要继续担当人类文化精神和生存理想的航标，就必须在理论话语的热闹和现实情境的混乱之中重塑现代品格和时代意识，在这个过程中，当代消费社会中的艺术悖论就永远是我们不能忽视的现实。

第二节　重返审美实践的艺术批评：消费时代的艺术诠释问题

随着消费文化的崛起，当代美学视野中艺术批评的问题更加突出。当艺术创作被商业主义所征服，赏心悦目、怡情宜性日益成为文学消费的主流观念，当以"功利"为核心的实用主义和以"娱乐"为最终体验的消费主义日益成为一种普遍的社会意识形态，当人们逐渐接受这样的事实：文学与艺术的目的不是制造各种高谈阔论的学术话题，而是为了让芸芸众生在忙碌的工作之余品味欣赏，当代艺术是否还需要严肃认真的创作理念与深深根植在现实关注之中的人文意识？是否还需要一本正经的文学诠释与美学研究？如果我们不想让美学与艺术研究在当代消费社会变成一种曲高和寡的"独白"甚至自娱自乐的"游戏"，我们就该思考这样的问题：在如火如荼的消费进程中，如何面对艺术诠释的逻辑与范式。

在当代审美文化现实中，无论感性消费之欲如何蔓延与扩大，艺术诠释永远拥有合理性的空间和合法性的存在；无论消费文化如何甚嚣尘上，艺术永远有助于"意义"问题出场，有助于激发对"意义"问题的追问。正像有的研究者指出，当代审美文化实践中，由于理论消费的过剩以及消费理论的蔓延，艺术诠释处于一种严重的悖谬境地。一方面，借助于经济

① ［美］马克·波斯特：《第二媒介时代》，范静晔译，南京大学出版社 2001 年版，第 8—9 页。

② 徐岱：《艺术新概念》，浙江大学出版社 2006 年版，第 23 页。

促销和政治作秀，在消费主义旗帜下，“消费主义让艺术剩下了华丽的躯壳，去除了它的灵魂”[①]，以“快乐体验”为目标的艺术享受代替了以“生命体验”为核心的艺术接受，通俗文化被媚俗文化与恶俗文化所把持，消费主义与享乐主义联袂出击，在放逐了严肃的艺术体验与艺术思考之后，更泯灭了艺术诠释活动的理性意识和思辨精神；另一方面，在形形色色的社会理论、文学理论、文化理论的大举渗透下，艺术完全成为随时恭候那些自以为是的“载理布道者”们的婢女和奴仆，在那些听起来似乎奇妙无比的、新鲜出炉的思潮与学派各取所需的解读中，艺术从开端的有名无实走向了最终的形同虚设，美学界、艺术界成了理论家卖弄学问和掉书袋的竞技场，理论的热闹不仅从未真正推动艺术诠释的发展，而且导致了名副其实的批评活动销声匿迹。为此，徐岱先生指出，罢黜思想与精神的享乐主义一样，过剩的理论消费所导致的“理论主义”同样是当代消费社会中艺术诠释的痼疾，在消费社会中，千人一面、万口同声的“理论主义”仍然是围绕在艺术诠释活动周围的独断论幽灵，仍然是让艺术诠释活动由“失声”而“失身的”最主要的原因。为此，徐岱先生提出，还艺术以其本来的面目，这便是消费社会中艺术诠释的重心所在。

实事求是地讲，在“各领风骚三五年”的文学艺术理论研究领域，艺术诠释的实践已经越来越艰辛和奇怪。时刻被一种“变革”的冲动所鼓噪，当代艺术实践中，理论愈发“君临天下惟其是尊”。[②] 在这种情形之下，艺术理论批评正在变成一种“合乎时尚的运动”，[③] 各种方法也日益变成了意义言说的“演练方阵”。而结果却不那么让人满意。正像法国文学理论家托多洛夫所说，批评理论家们自以为是地谈论方法问题，倾向于为所有新发现的方法命名，但是，每一个“方法”都有一种“普遍化”的综合的野心。[④] 在每一次“普遍化”的努力之后，每一种批评方法都会

---

① 徐岱:《艺术新概念》，浙江大学出版社 2006 年版，第 25 页。

② 徐岱:《批评美学：艺术诠释的逻辑与范式》，学林出版社 2003 年版，第 2 页。

③ ［美］莫瑞·克里克:《批评旅途：六十年代之后》，李自修等译，中国社会科学出版社 1998 年版，第 188 页。

④ ［法］茨维坦·托多洛夫:《批评的批评》，王东亮等译，生活·读书·新知三联书店 2002 年版，第 159 页。

赋予自己所信奉的逻辑和理念以特权，并以“思想”的名义走向“绝对视角”和“一元阐释”，也正因此，20世纪的文学理论仍然没有避免理论的迷信。[①] 在所谓的“二十世纪是一个批评的世纪”的口号下，“理论主义”的批判成为消费社会中文学和艺术理论研究的独特声音，这份思考不仅仅是源于对当代文学和艺术理论研究整体格局精微细致的把握，更来源于对消费社会中的艺术实践鞭辟入里的批判反思，其中展现的是对艺术诠释中生命感悟的珍惜，更是对生活世界与艺术实践的尊重。

在当代消费文化研究如火如荼的现实中，在弹冠相庆消费社会与“日常生活审美化”时代来临的日子里，直面消费社会中的艺术悖论，其思想价值和人文意义就在于正本清源的思想清理。面对喧嚣浮躁的当代审美文化现实，艺术实践的理想并不仅仅在于让欣赏者赏心悦目，而是为了给人们的精神世界和文化世界提供宝贵的思想财富和丰富的生命体验，为此，既需要审美者对自己提出更好的伦理要求，更需要尊重艺术创造的崇高使命，因为“作为人类自我关怀的唯一手段，艺术永远需要崇高精神。崇高精神的缺席意味着体现艺术最高价值的审美精神的消亡”[②]。重返生命体验的艺术实践首先要尊重审美体验那鲜活生动的本来面目，更要尊重艺术消费的真正意义，消费的艺术在某种程度上因为其娱乐性契合了人们回到本真生命需要的审美欲望，但这并非是艺术消费的全部，因为真正的艺术实践提供给我们的并非单纯的感官快适和消费欲望的满足，更有那些穿越生命表层的消费欲望的神圣理性与崇高精神，因此，艺术的消费并非单纯是消费的快乐，而是在感受艺术带来的“幸福感”的过程中深深地体味生命的充实与深刻。尼采说，“没有一个时代，人们对艺术谈论得如此之多，而尊重得如此之少”[③]。在消费社会中，“艺术的重要性并不在于它能为我们做什么，而在于它可以不做什么”[④]。在当代消费社会中，欲望无处不

---

① ［法］茨维坦·托多洛夫：《批评的批评》，王东亮等译，生活·读书·新知三联书店2002年版，第159页。

② 徐岱：《艺术新概念》，浙江大学出版社2006年版，第345页。

③ ［德］尼采：《悲剧的诞生》，周国平译，生活·读书·新知三联书店1986年版，第99页。

④ 徐岱：《艺术新概念》，浙江大学出版社2006年版，第8页。

在，享乐天天进行，闹剧时时上演，但生命在举重若轻中更加渺小，艺术在随波逐流中越发平庸。如果我们对这个时代的艺术实践还有期待，我们就该在“无边的消费主义”中重拾艺术崇高论的话题，就该在重返生命体验的路途中更加学会尊重生活、敬畏艺术。

第三节　消费文化与日常生活:“日常生活审美化”的反思

日常生活审美化的问题是中国当代美学研究中的重要问题，20世纪90年代开始，中国当代学者陶东风、高建平、王德胜等积极倡导日常生活审美化研究。有的研究者指出，日常生活审美化研究对文艺学的学科反思具有积极的意义，“就文艺学专业而言，审美化的意义在于打破了艺术（审美）与日常生活的界限：审美活动已经超出所谓纯艺术—文学的范围而渗透到大众的日常生活中”[①]。在有的学者看来，日常生活的审美化研究与消费时代的审美活动密切相关，“消费时代的审美活动已逐渐转向日常生活领域，这是当代美学发展的‘文化逻辑’，有其理论与实践的必然性”[②]。从20世纪90年代以后，日常生活审美化研究在当代美学研究中引发了很多论争，“这些争论，对于我们深入了解当代美学所面临的任务，了解当代艺术的处境，对于我们思考美学和艺术的未来，是非常有益的。然而，在国外和国内，讨论日常生活审美化的理论语境不同，因而这个提法所具有的含义也不相同。部分参加争论者对相关的一些理论预设的表述还不够清晰，常引起对争论所包含的理论意义的误读”[③]。日常生活何以成为美学研究对象？如何从美学理论的层面上定位日常生活的审美化问题？也就是说，日常生活审美化研究是一种问题性的研究，还是一种学科化属性的界定？这些问题是值得认真辨析的，因而需要我们从理论的层面作出深入的反思批判。

---

① 陶东风:《日常生活的审美化与文艺社会学的重建》,《文艺研究》2004年第1期。

② 李西建:《消费时代的审美问题》,《贵州师范大学学报》2005年第3期。

③ 高建平:《美学与艺术向日常生活的回归》,《北京大学学报》2007年第4期。

从理论的层面而言，无论从西方美学理论发展来看，还是马克思主义美学视野来看，日常生活作为审美对象的研究都是一个重要的理论问题。从传统美学研究的视野来看，无论是柏拉图、亚里士多德，还是鲍姆加登、康德、黑格尔，他们对审美对象的阐述更多地集中在哲学本体论的视野之内，由此奠定的美学研究的理论传统和思想传统也影响深远。但是，值得一提的是，在传统美学的视野内，即使日常生活与审美研究不是一个专门的研究领域，或者至少不是美学研究的专门任务，但在传统美学研究的视野内，美学研究并没有忽略日常生活的维度。早在古希腊时期，柏拉图、亚里士多德等最早进行他们的美学思考的时候，就更多地从古希腊社会的文化与日常生活中汲取思想智慧。在古希腊社会中，古希腊的戏剧、雕塑、史诗、节庆、建筑等艺术形式的发展是与古希腊社会中的日常生活密切相关的，古希腊社会的民主政治、公民教育、宗教祭祀、艺术活动构成了美学研究重要的日常生活来源。在德国研究古典美学的康德、席勒、黑格尔那里，日常生活中的元素也是美学研究的重要内容。康德美学对审美判断的四个契机尤其是关于“审美无关利害”的命题的判断，就包含了面向日常生活的态度。席勒和黑格尔更加注重审美与日常生活的关系。席勒的很多美学思考是基于当时社会的日常生活现实出发的，具有现代性的价值。黑格尔提出美学就是艺术哲学，他的美学思考也是建立在对德国社会生活与艺术现实的充分理解的基础上的。马克思是现代美学的重要代表，在现代美学的视野中，马克思的美学观念既吸收了传统美学的思想，又更多地从历史与现实的思考中将美学研究的理念与范式引入现实文化批判的高度，从而也为审美与日常生活的相关研究奠定了重要的理论基础。马克思的美学思考与日常生活研究密切相关，他对资本主义社会异化现实的批判、对人的感性与理性分裂的批判以及关于审美与自由的理想，很多是从日常生活与现实的角度提出的。在马克思之后的现代美学视野中，审美与日常生活研究更加蓬勃地开展起来，特别是在马克斯·韦伯、海德格尔、阿多诺、马尔库塞等现代美学家那里，审美与日常生活研究开始进入现代性的思考范围之中，成为审美现代性问题的重要的逻辑起点与思想内核。德国思想家马克斯·韦伯从资本主义社会的伦理与道德问题出发，从经济发展与日常伦理角度阐述了资本主义社会的历史发展与文化演变过程。在韦伯来看，伦理与道德等非经济要素对资本主义社会结构和历史秩序有重大影响，这些非经济因素大都来自日常生活伦理行为与塑造方式，因此，来自日常生活的文化规约成了资本主义的社会构型与文化体制合法化的现实规约。马克斯·韦伯是较早提出日常生活的哲学观照的学者，对美学上的日常生活研究有着深刻的启发。海德格尔、霍克海默、阿多诺、马尔库塞等现代美学家更加注重日常生活与美学的关系，他们都曾把日常生活的审美研究视为拯救现代科技与意识形态背景下的人的异化的精神良方。海德格尔对现代科技意识形态的批判、霍克海默和阿多诺的启蒙辩证法思想以及马尔库塞的单向度的人的观念，现在看来，不仅在很大层面上呼应到了德国思想家马克斯·韦伯的思想，而且成为现代审美理论中日常生活美学研究的重要的思想资源。

从美学思想与美学学科的发展演变来看，无论是古典美学还是现代美学都没有忽略日常生活的因素，特别是在现代美学发展的历史中，日常生活之于美学内在的理论构成与内涵发展的要素不断增加，从而体现了美学研究视野和格局的重大转变。作为一个美学对象的日常生活表现出了多重的思想内涵，从哲学层面上说，日常生活的概念与范畴蕴含着丰富的思想张力；从美学研究的角度而言，审美与日常生活研究也包含着一种新的学术研究路径的轮转，它不仅指向社会结构与生活方式的研究，而且更加包孕着微观精神与体验结构的局部探索，美学研究开始从日常生活研究的视角与方法中获得了面向文化与社会的新的灵感。

中国当代美学中的日常生活审美化研究的主要任务和目的就是在突出日常生活的美学内涵的基础上，引领美学研究走向更深刻的理论建构与现实关怀，这既标志着现代美学研究的转折，也极大地拓展了美学研究的学理范围与学科属性，这一点是值得肯定的。倡导日常生活审美化的学者们强调当代美学研究不仅仅关注日常生活中那些美的东西、美的价值、美的理想，也不仅仅是要用审美的眼光去观察现实世界，用审美的心灵去感知周围的事物，更意味着用审美的态度感受审美的人生，用审美的情怀面向历史与现实，因为“日常生活的审美化打破了审美活动与日常生活的界限，使得审美活动与审美因素大举进入日常生活空间（如美容院、健身房、街心花园、购物中心等）。面对这种现象，美学与文艺学工作者应该突破审美活动的自律性观念，打破美学研究的传统，关注日常生活的审美化并寻找美学研究的新的生长点；同时，必须警惕日常生活审美化中存在的新的不平等现象，批判性分析新媒介人阶层的社会角色与意识形态，揭示审美化与大众消费主义意识形态以及市场逻辑的合谋。"① 中国当代美学研究将日常生活审美化纳入美学研究视域，可以说是深刻地把握了当代美学文化语境变迁的现实，也极大地凸显了消费时代审美对象的特殊性。阿格妮丝·赫勒认为："日常生活是总体的人在其中得以形成的活动。"② 中国当代日常生活审美化研究中的"日常生活"不同于那种纯粹物质形态的现实生活，也不是现实生活的零散状态，它强调的是对日常生活的本质提升，是对日常生活本真性的把握，它强调的是日常生活中的美学成分，是指那种意义与价值层面的东西，包括精神与理想、人文与情怀方面的重要内容。在这个意义上，审美与日常生活是一种整体性的结构关系和张力关系。在这种关系中，日常生活的审美研究就是要在那种现象与实在的张力结构中，恢复美学研究的经验性成分，也就是杜威所说的恢复"艺术品中精心营构而成的深邃的经验形式与那些被公认为是构成经验之组成部分的日常事件、所作所为及遭际两者之间的连续性"③。

德国学者沃尔夫冈·韦尔施曾提出，当代美学的发展需要面向生活的各个层面，美学必须超越艺术问题，涵盖日常生活、传媒文化、感知态度等诸多问题。④ 审美和艺术的传统等式已站不住脚了。被誉为"日常生活批判理论之父"的法国学者列斐伏尔则倡导"让日常生活成为艺术品"⑤。尽管在不同的美学家那里，人们对日常生活的概念的理解不尽相同，甚至

① 陶东风：《日常生活的审美化与文艺学的学科反思》，《天津社会科学》2004 年第 4 期。

② ［匈］阿格尼丝·赫勒：《日常生活》，衣俊卿译，重庆出版社 1990 年版，第 51 页。

③ ［美］杜威：《艺术即经验》，高建平译，商务印书馆 2010 年版，第 178 页。

④ ［德］沃尔夫冈·韦尔施：《重构美学》，陆扬、张岩冰译，上海世纪出版集团 2006 年版，第 25 页。

⑤ ［匈］阿格尼丝·赫勒：《日常生活》，衣俊卿译，重庆出版社 1990 年版，第 51 页。

存在一定的差异，但有一点是要我们思考的，那就是无论古典美学还是现代美学，审美研究都蕴含了日常生活的维度，日常生活的审美研究不是纯粹的思辨形式，而有其思想和理念上的历史性和社会性。在这种历史性和社会性的视野中，日常生活不是指生活中那种单调乏味、机械重复的刻板样式，而是剔除了那些重复性的、自动化的日常生活习性，将日常生活上升为某种经验性形式的过程。与此相关，审美与日常生活研究也不是要走向那种还原论、自然论的美学，而是要恢复日常生活的感性，强化日常生活的经验，进而培养日常生活审美的文化惯例与习性，在美学思考中真正融入生活的感受与体验。正是在这个意义上，日常生活审美化研究使中国当代美学研究找到了理论发展的超越性方向，也使日常生活的美学内涵更加明确和突出，不但大大拓展了美学研究的范围，而且从整体上深化了当代美学研究的内涵。因为从日常生活的角度来看，美学研究不仅是一种理论建构的形式，更主要的是理论建构的有效形式直接融入生活现象本身，从而使美学研究更有效地面向现实。在某种程度上，这是一种现代形态的美学，它将美学研究中的理论性思考以经验性的形式生动地表达出来，从而更加深化了当代美学研究的意义与价值。

日常生活审美化问题的出现缘于当代审美文化发展中这样一种基本的现象判断，那就是随着当代社会审美风尚的感性化、娱乐化和消费化趋势的不断发展，审美与日常生活的联系越来越紧密，不但人们的衣食住行等日常生活领域被美学的气氛所感染，而且在现实生活中人们越来越注重以审美与艺术的眼光审视和规划我们的日常生活、美化我们的生存空间、提升我们的生活品位，日常生活中的诸多细节和行动都体现出了深刻的审美追求，从而使日常消费、日常交往等人们现实生活中经常接触的事实与经验上升到审美实践的高度，进而引起了日常生活审美化的反思。日常生活审美化的研究与讨论延展了传统美学研究的疆界，扩大了审美感知的范围，同时也表征了当代社会审美主体在审美交流与表达机制方面的变化。从审美主体与审美对象的角度来看，这个过程体现了审美日常生活化的趋势，从当代审美文化的整体格局来说，则展现了日常生活审美化的景观。无论审美日常生活化还是日常生活审美化，都是美学研究与美学发展在当代社会领域中出现的新现象，那么，究竟该如何看待日常生活审美化，这值得我们认真思考。

首先，“日常生活审美化”的问题不仅仅是中国当代社会发展与美学研究中的问题，西方学者早就在当代消费文化语境中提出了这个问题，20世纪80年代，英国文化学者迈克·费瑟斯通就曾在消费文化的语境中提出过“日常生活的审美呈现”的问题，费瑟斯通注意到，从第一次世界大战到20世纪20年代以来，随着达达主义、超现实主义等先锋派艺术的兴起，艺术与日常生活的界限已经日渐消弭，艺术的独立和精英意识也不断消融在这些亚文化形式的观念中，从而出现了“将生活转化为艺术作品的谋划”①。在他来看，这种谋划体现了人们所追求的现实生活的艺术化，体现了当代社会日常生活中符号与影像等图像世界的新变化。除了费瑟斯通之外，波德里亚、罗蒂、韦尔施等都谈到过日常生活审美化的问题，其中德国学者韦尔施的观点比较有代表性，在《重构美学》中，韦尔施提出：“当前我们正经历着一场美学的勃兴。它从个人风格、都市规划和经济一直延伸到理论。现实中，越来越多的要素正在披上美学的外衣，现实作为一个整体，也愈益被我们视为一种美学的建构。”②韦尔施指出，在当代审美文化发展中，符号和图像等审美形式要素的迅猛发展剥离了商品的抽象交换价值，日益与人们日常生活的结构关系与行为逻辑发生复杂的联系，从而使审美的要素在日常生活中占据重要乃至主导的地位。

无论是费瑟斯通还是韦尔施，都提出了当代审美文化发展中的一个重要现象，那就是在当代科技生产水平不断发展与人们的消费观念不断增强的情形下，图像、符号等审美形式通过广告、影视、传媒等商业力量的操作，不断重构当代都市人们的生活逻辑与生活方式，从而导致美学不断地从日常生活中获得扩展的灵感与空间，从而出现了将日常生活提升到

① ［英］迈克·费瑟斯通：《消费文化与后现代主义》，刘精明译，译林出版社2000年版，第97页。

② ［德］沃尔夫冈·韦尔施：《重构美学》，陆扬、张岩冰译，上海世纪出版集团2006年版，第3—4页。

美学境界的可能。可以说，他们的眼光是敏锐的，同时也把握住了当代审美文化发展的大语境。日常生活审美化思潮的兴起就离不开这种大的语境，正是在当代审美文化的语境中，日常生活审美化的问题才具备了学理上的内涵。

其次，究竟什么是"日常生活审美化"呢？我们可以说，日常生活审美化既是一种审美文化的现象与景观，同时也是一个美学理论问题。作为一个审美文化的景观与现象，它是指在工业化、都市化和市场化的历史进程中，直接将审美的态度引进日常生活而出现日常生活审美泛化的现象。作为一个美学问题，日常生活审美化是工业社会中消费主义意识形态与感性化、娱乐化审美风尚兴起的结果，它关注的是深深渗透到当代社会日常生活结构中的符号、图像以及各种审美形式的意义与价值，并试图从审美与社会的视野上总结实现审美化生存的方式与形式，从而引发了美学的现实性的思考。当然，这两种角度都是出于现实审美文化发展的考察后得出的，从这个意义上说，日常生活审美化是一种视野与方法，这种视野与方法从属于当代审美文化发展的大语境，同时又从这种语境出发，生发了美学研究的现实性的思考。日常生活审美化研究深刻地触及了这个问题，但它不仅仅是像韦尔施批评的那样"审美因素都是在浅表层面上进步"① 研究，而是从社会与文化的转型高度，在社会价值观念与生活方式变革的立场上，着重从日常生活的视野和角度探讨当代审美文化发展与生产过程的结构变化与意义生成。从这个意义上说，日常生活审美化研究不是一个孤立的研究领域，它不仅拓展了审美研究的空间，同时也丰富了美学研究的领域，它在赋予日常生活以一种存在论的视域的同时，也引领美学研究走向更复杂的现实审美世界。

有的研究者提出："当下中国确已具备催生'日常生活审美化'这一新型美学现实与生活趋向的必要因素，它们构成了在当下中国讨论'日常生活审美化'命题的言说场域。"② 在当代社会，无论是作为一种审美文

---

① ［德］沃尔夫冈·韦尔施：《重构美学》，陆扬、张岩冰译，上海世纪出版集团2006年版，第11页。

② 王德胜：《"日常生活审美化"在中国》，《文艺理论研究》2002年第1期。

化的现象与景观，还是作为一个美学理论问题，日常生活审美化的问题都引起了美学研究格局与方向的最新变革。在当下，日常生活审美化的问题仍然在不断地被人们讨论，有的研究者把它视为社会转型的文化标志，有的研究者则提出它预示着新的美学原则的兴起，但更有研究者认为日常生活审美化研究与所谓“新的美学原则”有诸多错位之处，“没有对‘日常生活审美化’进行清理和鉴定，仅仅停留在事实判断的层面上指认这一现象，从而取消了对它的价值判断，带来的是价值论的颠倒。”① 这说明日常生活审美化研究在当代美学与审美文化发展中仍然没有取得一致的意见，对它的理解也是五花八门的。那么，在美学理论的学习与研究中，我们又该如何把握日常生活审美化的问题呢？日常生活审美化研究对中国当代美学话语转型究竟有何意义与价值？我们认为，在当代审美文化发展的历史语境中，把握日常生活审美化的内涵、意义与发展的问题应该考虑到以下几个方面的内容。

首先，日常生活审美化是当代美学与审美文化发展过程中的一种新的美学思潮与文化转折，日常生活审美化问题的生成与表达一方面离不开当代审美文化发展的现实，这个现实就是随着大众消费文化的发展以及审美与社会的逆向转化，符号、图像等审美形式的力量不断渗透到当代社会日常生活结构之中，从而引起了当代审美风尚的感性化、娱乐化、消费化；另一方面，正是在当代审美文化发展的这种新的现象和景观中，美学研究吸收了当代思想文化的现实性的资源、新的趣味和新的情感体验方式，从而在美学与日常生活之间的结构性和生成性视野中提出了文化与审美的新问题。可以说，这也是日常生活审美化问题的理论价值所在。我们认为，当代美学研究应该重视这种新的理论发展模式，特别是它的起源性语境，所以，我们认为，日常生活审美化研究还是有一定的理论和现实意义的，它有利于美学研究格局的拓展，同时更有利于美学研究更深刻地面向审美文化现实。

其次，日常生活审美化的问题也具有实践性，它是美学走向审美实

① 赵勇：《谁的“日常生活审美化”？怎样做“文化研究”?》，《河北学刊》2004 年第 5 期。

践研究的产物。从理论形态上，日常生活审美化的理论不同于传统美学的理论，它更倾向于在现实审美的路径上提出并呼应现实审美文化发展的具体现象和问题。美学研究正是应该生长于现实之中的，在根本上，美学也是现实关怀的研究。正是从这个意义上说，日常生活审美化的问题其实是在更深刻的意义上复归了审美与社会、审美与人生、审美与生活的关系。日常生活审美化的研究剔除了日常生活俗常、琐碎的成分，使日常生活中的审美元素不断地得到了美学上的提升，它使美的现实性问题拥有了新的历史维度，这也是我们应该重视日常生活审美化研究的原因所在。

最后，日常生活审美化问题本身具有批判性，这主要体现在日常生活审美化研究能够让我们更深刻地反思当代审美风尚的变化，包括当代审美风尚变革中的新的发展趋势。它让我们意识到，当代审美风尚变革中的那种感性化、娱乐化、消费化特征既是日常生活审美化的表征形式，同时更是它的弊端所在。从这个意义上说，日常生活审美化问题的提出也是对当代社会日常生活中的种种反美学成分和现象的批判，是对当代社会大众文化、流行文化与消费文化的诸多方面的警醒式思考，以及对当代社会复杂的情感体验关系的评价，这一点也正是日常生活审美化研究应该值得肯定的地方。

当然，日常生活审美化问题仍然在不断地发展。生活在继续，美学也在继续，但无论如何，新的审美时代已经来临，日常生活中的美学问题应该引起我们更深切地关注。但是当我们欢呼日常生活审美化等审美鼎盛时期到来之时，我们更应该重视从日常生活审美化研究中获得的那种批判性的启发。我们还应该看到，日常生活审美化研究的蓬勃开展并非仅仅意味着当代美学研究的全部问题都会得到合理而有效的解决。从理论上而言，日常生活审美化研究也不是美学研究的全部问题所在，从现实层面而言，日常生活审美化也并非绝对地意味着当代人诗意地栖居的理想已经实现，日常生活审美化仍然存在着学理与现实层面上的诸多矛盾，这些也正是需要我们认真研究的。

第四节 文化消费与文化批评:文化游离中的当代批评

在当代消费文化研究如火如荼之际，中国当代文化批评也走到了学术舞台的前端。当一些执着的跋涉者还寂寞地守候在传统文学文本所构筑的纯文学营地之时，它早已作为一种新兴的元素植入了文学的机体。于是，当那些默默坚守纯文学阵地的批评家领略了它的咄咄逼人的气势之后，不但感到自己的身份和位置受到了前所未有的奚落与冲击，而且深深为“文化批评”这个经过悉心装扮的批评斗士向文学的话语空间野蛮施暴而痛心疾首。然而，时下的现状却表明，那些曾为纯文学批评凋零而扼腕的批评家们除了为自己求得了一个黯然神伤的理由之外，根本无法阻止文化批评大潮的汹涌洪流。

当代文化批评正方兴未艾。这是否意味着文化批评已经成功地夺取了批评的霸权，或者说，文学批评已经自觉地认识到了在参与意识越来越浓的中国当代文化现实中，自己已无法再以那种凌厉的姿态抵挡当代文化全面渗透的强势叙事攻击而主动向文化批评交出了“令牌”？事实上，中国当代文学批评既没有主动“缴械”，文化批评也没有成功“夺权”，时下的局面倒是我们不得不凄婉地看着文化批评在“文化”与“文学”之间貌似庄重地“游”来“游”去。文化游离状态中的中国当代文化批评，其表征之一就是批评的泛化。人们不假思索地将各种各样的文化分析都纳入了“文化”这个大概念之下，文化成了谁都可以拿来一试身手的武器和工具，只要是站在所谓“文化”的立场上，好像所有的批评，无论针对什么，表达什么，目的是什么，都有了言说的理由。在文化批评中，所有的问题都被放大，放大到除了用“文化”加以囊括之外，任何描述分析都显得无能为力的地步。以前人们曾苦心孤诣地探索文本“说什么”“怎么说”，而当文化成为一次性消费品之后，在令人眼花缭乱的高谈阔论之中，这些问题由于被无限放大而自动消解了。文化批评不屑于对这些问题的回答，因而以一种貌似庄严的方式解构了这些问题的逻辑存在。

中国当代文化批评的游离色彩的又一表征是批评的浮躁。批评的浮躁表现为批评姿态的随意性和随机性。当代文化批评在“文化”的雾霭中漫无目的地游走，在不同的学科边缘自由飘荡，但就是抓不住批评的对象，即使是把它的锋刃对准某一对象，寻个破绽下手，也总是满足于浮光掠影般的描述和语焉不详的搪塞。批评的浮躁还表现在对于热门话题各自心怀打算的“集体攻关”，一位学者在谈到中国当代批评现状时说：“当代文学批评到 90 年代愈加变成一种表演。昔日那种沉入生命、沉入文化深处的理念已成为过眼烟云。批评在合谋、无聊、调侃之后仅剩下肉麻，而热衷于制造一次又一次的‘文学事件’和‘文化事件’。”① 中国当代文化批评不但善于跟踪热点，而且善于制造热点，炒作热点，甚至由于某些外力的推波助澜，将文学论争升级为观点模糊、敌我难辨的斗争。这种批评的浮躁在威慑和褒贬中愈演愈烈。

中国当代文化批评的泛化，一方面在于它罢黜了文学经典、精英文本的核心位置之后造成的批评指涉范围的扩大。罢黜了文学经典之后的文学批评，得以向“文化”的广阔地盘大展拳脚，但同时也造成了漫无边际四处撒网的混乱局面。另一方面，当文化批评在貌似丰裕的批评资源之中沉浸在如鱼得水般的欣慰之时，却没有意识到由于缺乏应有的厚重而正使自身的话语空间变得平面化。批评的浮躁则很大程度上是由于批评效果意识的膨胀。好像是谁的言辞越尖酸刻薄，谁的观点越离奇出格，立场越激烈，谁就拥有最多的听众，成为卖点最佳的“批评明星”。与中国当代文化批评的泛化和浮躁相纠缠的还有批评规则的匮乏。在此，有些批评家道德感的淡漠和理性自觉的缺失难辞其咎。20 世纪 90 年代以来，由于道德观念的误置和理性自觉的缺失而造成的批评“犯规”的事件屡屡发生，每一个批评事件都掺杂了一些用文化勾兑的原料，但却在语焉不详卖弄关巧之间背叛了普遍认同和个人自勉的游戏规则，从而难以避免空泛浮躁的叙事危机。因此，事实上，中国当代文化批评已在多重践履迷误中，陷入了一种即将丧失本体功能和精神使命的既痛快淋漓高潮迭起

① 王岳川：《文化话语与意义踪迹》，四川人民出版社 1997 年版，第 441 页。

又空泛浮躁积重难返的言说困境之中。它不屑于在文本间自娱自乐，但又缺乏走向历史的深度和融入文化理念的品格，在背弃了文学生命特质和皈依时尚的过程中徒增了参与文化现实的勇气却无力实现它内在的精神祈向和人文关怀。

中国当代文化批评的困境一方面是由于文化批评自身学科规范、学科限制以及内在理路仍有许多有待完善和建设的环节，因此随着它凸显于世界范围内的学术视野，它的内在缺陷也不断暴露出来。而另一方面又与我们在接受西方文化批评观念过程中的迷误有关，同时又是中国当代特有文化语境造成的批评失重的结果。按法兰克福学派学者阿多诺的看法，文化批评本身就是一个很有问题的术语。而在杰姆逊那里，文化研究既是一个不确定的概念，又难以划出固定的研究框架。这表明文化批评仍需进一步发展和完善。但中国当代文化批评在接受西方文化批评观念过程中的践履迷误更是使当代文化批评陷入言说困境的一个重要因素。中国当代文化批评既缺乏对西方文化批评观念的合理剖析和有效消化，又缺乏对中国当代文化语境的深入考察，在一个不成熟、不稳定、缺乏理性自觉和批评规范的语体氛围中以一种思维的滞后性想当然地认同西方的理论先导，忽视了与中国本土现实语境的契合，用徒然炫人眼目的批评风景代替了批评观念的有利同化。

文化批评，像许多在中国批评界引起极大反响，促使中国批评家蜂拥而上的其他批评观念和方法一样，同样是一个西方文化语境中出现的批评观念。文化批评的模式早在19世纪后半期英国评论家马修·阿诺德那里就已经有所实践。马修·阿诺德的《文化和无政府主义》是对英国社会生活和政治生活的批评。但是马修·阿诺德——这个早期的人文主义者，把文化和文学置于和宗教对立的位置，企图以文学和文化篡夺宗教的地位，因此他的文化观念是“站不住脚的”。[①] 中国批评界和学术界接受的文化批评观念是与两个文化研究流派分不开的，一个是英国的伯明翰文化研究中心，另一个则是德国的法兰克福学派。伯明翰大学当代文化研究中心是

① ［德］理查德·沃林：《文化批评的观念》，张国清译，商务印书馆2000年版，第15页。

由英国学者霍加特于 1963 年创办。霍加特是英国早期文化研究的先驱，他受英国文学批评家利维斯的影响，与当时英国新左派人物雷蒙·威廉斯、汤普逊、斯图亚特·霍尔等人最早尝试在文学研究中引入大众文化分析，把文学批评方法用于通俗文化分析，并尝试着进入人类社会普遍意识的发展中，对文学进行整体文化观照，由此进一步深化了文化批评的实践。在英国文化研究发展壮大之前，对大众文化分析最集中最有影响的是德国的法兰克福学派。但如果英国早期的文化研究追溯到利维斯和他的“细绎集团”那里，英国早期的文化批评差不多是同时与法兰克福学派学者一样展开对大众文化分析的。而在英国早期的文化研究中，从一开始就在对大众文化的批评实践上采取了与法兰克福学派相反的态度。在法兰克福学派那里，霍克海默、阿多诺、本雅明、马尔库塞等代表人物，主要是把他们的社会批判理论与大众文化的意识形态性结合起来，从而提出了当代资本主义社会异化和反人性的命题，他们疾风暴雨式的批判理论在对大众文化的批判中转变成了与现行社会进行斗争的能力。而英国早期文化研究的代表人物如霍加特、雷蒙·威廉斯以及后来的费斯克则把大众文化视为一种新兴的文化形式。如费斯克承认大众文化带有商品性，但他否认大众文化与当代资本主义社会的同质性，而认为在资本主义社会中，尽管主导意识形态具有同质性力量，但资本主义社会中的从属群体仍然保有相当多样的社会文化身份。在他看来，大众文化是不能充分揭示资本主义社会的意识形态性的。费斯克认为，“在一个大众社会里，文化得以从中制作的物质和意义系统几乎不可避免地由文化工业来生产，但是，把这些物质制作成文化，即制作成自我和社会关系的意义，以及拿这些物质与快感的交换，只能是由消费者—使用者而非生产者进行的一个过程。”① 因此，费斯克认为资本主义社会的大众文化只是一个以消费主义和快感为中心的社会文化形式，而促使这种文化形式形成的并非是大众文化本身，而是大众文化的接受者。

① ［美］约翰·费斯克：《大众经济》，见罗钢、刘象愚主编《文化研究读本》，中国社会科学出版社 2000 年版，第 244 页。

因此，就文化批评来说，英国传统和法兰克福学派传统是两种不同的模式。前者基本是一种文学研究的文化分析，是从文学研究领域孕育的文化视野中的批评观念；后者则是一种社会批判理论，它主要是以大众文化为靶心，结合大众文化的意识形态性，揭示当代资本主义社会异化和反人性的文化主题。在法兰克福学派那里，大众文化并不是他们进行文化批判的唯一对象，除了大众文化之外，现代艺术、现代科技、意识形态本身、语言问题都是他们的批判对象。英国文化研究在第二次世界大战后进入了美国的知识界，并得到一大批在文学理论和文化研究领域颇有影响的理论家的关注，如詹姆逊、赛义德、斯皮瓦克、米勒等。他们把文化研究扩展到了种族研究、性别研究和大众传媒研究，使文化研究完全脱离了传统文学研究中的文化分析的模式，而走向了一种跨文化、跨学科的研究模式。这种文化研究模式的实践方式就是文化批评。但是，经过了美国知识界的扩展和深化之后，此时的文化批评已经有了不同于伯明翰学派和法兰克福学派的意义。

文化批评在中国批评界出场是20世纪90年代的事情。它迅速占领了批评的主流位置。中国当代文化批评接受的基本是经过美国知识界深化了的英国文化批评观念和德国法兰克福学派的文化批评观念。因此，当代文化批评在践履形式上也相应体现出了英美传统和法兰克福学派传统两种倾向。前者作为伯明翰学派的弟子，主要是在文学研究中践行着一种基于中国文本并融合当代世界文化思潮的批评方式。如中国当代后现代文化批评、后殖民主义批评、女权主义批评等；后者作为法兰克福学派传人则在中国的具体文化语境中对大众文化、流行艺术表现出了极大的兴趣，强调中国当代文化冲突中的大众文化的消费性、商品性，以及各种流行艺术中各种文化符号的显在的、隐在的意义解读。就中国当代文化批评的研究现状来看，在接受这两种文化批评观念时，由于缺乏对西方文化批评观念的历史语境的征候分析和对中国当代文化语境的深入详细考察，从而使中国当代文化批评置于一种左支右绌的游离状态。

20世纪90年代以来，我们在接受和吸收西方文化批评观念时，忽视或轻视了在西方文学批评史上的一个重要过程，那就是长达半个世纪之久的“语言学转向”。在西方文学批评史上，“语言学犹如一条地下河流冲出地面，荡弃包括现象学在内的一切陈旧的方法，把他们淹没在自己的潮流之中。”[①]“语言学转向”带给西方文学批评史上的遗产，并非仅仅是一种方法论上的革命，更主要的是一种文学批评观念的变革。罗兰·巴特在谈到人们对“新批评”的攻击时说：“今天人们责难新批评，并不是因为它的‘新’，而是由于它充分地发挥了批评的作用，重新给作者和评论者分配地位，由此侵犯了语言的次序。”[②] 语言学的方法和观念早已作为一种本能植入了西方文学批判的观念之中。因为它“把一个生成的模式给予文学”[③]。虽然在20世纪的后半叶，随着全球化文化思潮和后现代文化思潮的崛起，文学批评冲出语言牢笼的呼声日趋强烈，走向文化研究的趋势也日益明显，但我们无法否认“语言学转向”在西方文学批评史上的潜在影响。当文化批评已如日中天之时，在英美文学教育界，仍然有“关于‘文学’的价值，关于评估不同文学作品的标准的争论，以及甚至关于‘文学’自身范畴的有效性的争论”[④]。人们认为“经典文本被置于与文学传统不同的关系背景之下，在成为历史上的文学文本的过程中，它不再是文学”[⑤]。

中国文学批评长期以来受中国传统哲学的影响，多以直观感悟为基点，并长期以来受实用主义品格的限制，难以切入文本形式的深层结构之中去分析判断文学艺术作品。因此，当文化批评冲击世界范围内的传统文学研究和文学批评，我们在仓促上阵之时，由于缺少像“新批评”那样的文本细读分析对批评的归约和深化，面对“文化”这个庞然大物，才会依葫画瓢，大而化之，在文化和文学的道路上都走得偏离了正确的方向。一位学者说得好，“像新批评那样的细读法应该成为我们批评的一种本能，

---

① ［法］让—伊夫·塔迪埃：《20世纪的文学批评》，史忠义译，百花文艺出版社1999年版，第207页。

② ［法］罗兰·巴特：《批评与真实》，温晋仪译，上海人民出版社1999年版，第6页。

③ 同上书，第56页。

④ ［英］彼·威德逊：《导言：英语文学教育的危机》，见［英］凯·贝尔塞等《重解伟大的传统》，黄伟等译，社会科学文献出版社1999年版，第127页。

⑤ 同上书，第138页。

这样我们才有资格去谈宏观的文化批评问题。"[①] 事实上，中国当代文化批评既盲目拒弃传统的经典文本的解读，又缺乏西方文化批评观念中的学理分析和人文关怀，只是在一个虚假浅薄的文化景观中将批评装点成泛文化的集合。许多学者在谈到中国当代文化批评的出场语境之时，都涉及了以下几个因素。一是迎接"全球化"文化观念的挑战，二是与中国80年代的"文化热"大潮遥相呼应，三是受中国当代一些文学创作的影响。但如果我们仔细分析会发现，"文化全球化"所带来的文学观念的变革在中国当代文化批评实践中并没有明显的反映，或者说中国当代文化批评仍然是在自说自话中咀嚼着罢黜文学的快感，把"全球化"仅仅当成了一次不出国门的批评旅行的尝试。有的学者认为，中国80年代的文化论争，是"百年以来文化争论在更高层次上的继续和深入"[②]。但在90年代以来，80年代文化论争所讨论的问题——中西文化孰优孰劣，如何对待中国传统文化，如何改造中国文化，却被90年代以来的"文化全球化"大潮所冲淡。现在人们不再谈论传统文化和西方文化的优劣，也不再为继承和改造传统文化而呼告，而谈对话、交融。岂知若不是在同一个接受平台上，这种对话、交融仍然是以西方文化界和知识界的价值评判和认知模式为标准的。而80年代"文化热"中出现的"寻根文学"的热闹，现在看来只不过是像一只漂亮的蝴蝶稍纵即逝。一位当时从事"寻根文学"创作的作家事后说："中国文学尚没有建立在一个广泛深厚的文化开掘之中，没有一个强大的独特的文化限制，大约是不好达到文学先进水平这种自由的，同样也是与世界对不起话的。"[③] 而建立在这种文学和文化实践上的文化批评当然就更加缺乏与国际文学理论批评对话和接轨的底气。

文学批评的退隐，文化批评的出场，在某种程度上意味着批评角色的置换。如果说在传统的文本批评中，批评扮演的探究深藏在文字隐喻之后

---

① 童庆炳等：《文学批评的文化视野》，《南方文坛》2000年第3期。

② 甘阳：《80年代文化讨论的几个问题》，《文化：中国与世界》，生活·读书·新知三联书店1987年版，第6—7页。

③ 阿城：《文化制约人类》，《文艺报》1995年7月6日。

的本质意义的解码者角色能够使批评作为一种独立的审美观照行为立足于文化和精神生活领域的话，那么，在世界范围内兴起的文化研究热潮对精英文学研究的冲击下，传统的文本形式批评的根基正在发生着动摇，同时文学批评固有的关怀意识和参与精神也迫使文学批评的角色发生置换。它要求批评在一个高度综合的文化视野中去理解和阐释意义的生成和表现，以一种介入者的角色“精确地揭示‘现实性’和‘合理性’之间的差异，暴露事物的突然存在和应然存在之间两相对立的隔阂”[①]。这种以“介入者”姿态的理解与阐释要求文化批评除了对文本的审美维度的一如既往的关注之外，更要向社会、历史、文化以及意识形态领域扩展视野，在具体的文化语境中进一步发挥批评的功能和力量。这似乎也正是文学批评在“全球化”文化大潮中促使自身走向完善和超越之途的应有之义。然而，当我们以文化批评出场的种种端由来审视和追问中国当代文化批评之时，才发现正是在这些本来该是文化批评最能体现超越精神和关怀意识的层面上，中国当代文化批评在多重践履迷误中陷入难以自拔的言说困境之中。

因此，就中国当代文化批评而言，对它自身的反思远比对中国当代文化、当代文学的反思更为重要。中国当代文化批评由于自身空泛浮躁的批评姿态和缺乏理性自觉和道德意识的弱势品格正面临着丧失本体功能和神圣使命的危险。文化批评作为批评话语实践方式，需要具有具体扎实的探索精神；文化批评作为人文精神的赓续弘扬途径，则需要有清醒的理性操守。文化批评的话语实践要求它对具体的文本给予一如既往的关注；文化批评的人文指向则要求它对人类的文化行为方式进行精神提升和投以人文关怀。二者促使文化批评走向超越之维。这种超越意识要求文化批评的建构和实践既不应武断地拒斥批评的审美之维，同时又能够采取一种综合的文化视野“打通文学与其他文化领域，在更广阔的文化背景上去理解并创造文学”[②]，分析社会文本和批评本身的文本。杰姆逊认为分析艺术作品

---

① ［德］理查德·沃林：《文化批评的观念》，张国清译，商务印书馆2000年版，第2页。

② 钱中文：《文学理论：走向交往对话时代》，北京大学出版社1999年版，第335页。

“应该从审美开始，关注纯粹美学、形式的问题，然后在这些分析的终点与政治相遇”①。英国早期的文化研究的理论奠基者雷蒙·威廉斯曾说：“认为价值和艺术作品在不参照它们得以表现的特定的社会情况下是可以充分进行研究的这种看法当然是错误的，认为社会的解释是决定性的，或者说价值与艺术品不过是副产品的看法也同样是错误的。”② 或许这对于中国当代文化批评克服自身践履迷误和言说困境从而走向超越之维能有所启示。

① ［美］詹明信：《晚期资本主义的文化逻辑》，陈清侨等译，生活·读书·新知三联书店1997年版，第7页。

② ［英］雷蒙·威廉斯：《文化分析》，见罗钢、刘象愚主编《文化研究读本》，中国社会科学出版社2000年版，第128—129页。

第五章

语境与问题:中国马克思主义文学批评的理论范式与学理建设

中国马克思主义文学批评的理论范式研究思考的是中国当代马克思主义文学批评以什么样的理论方式面对当代审美文化经验的现实，并在这个过程中展现自身稳定的理论形态与特征的问题。中国马克思主义文学批评理论范式的建设是在回到马克思主义美学的基本问题过程中展现马克思主义文学批评有效把握中国文学的审美经验与历史的过程。当代西方各种新兴文化思潮的崛起既给中国马克思主义文学批评理论范式的建设带来了理论发展与对话的机遇，同时也让中国马克思主义文学批评面临着现实文化经验的洗礼和深度考验，中国当代马克思主义批评理论范式的建设仍然肩负着重要的历史责任。

第一节　马克思主义文学批评的理论范式问题

自从美国著名科学哲学家托马斯·库恩在《科学革命的结构》(1962)中提出“范式”这个概念以来，在它不断被应用到文学以及其他人文社会科学研究的过程中，一直存在着一定的质疑和争论。究竟什么是“范式”？人文社会科学研究使用“范式”这个概念是否恰当？马克思主义文学批评与美学研究是否存在某种“理论范式”等这些问题仍然需要作出严肃的理论说明。按照托马斯·库恩的理论，“范式”指的是一个成熟的科学共同体在某个时期内所形成的研究方法、科学实践的公认范例，以及为某种科学实践奠定新基础的发展模式，“取得了一个范式，取得了范式所容许的那类更深奥的研究，是任何一个科学领域在发展中达到成熟的标志”[①]。库恩认为，在科学研究中，每一个新的“范式”的出现，既意味着科学共同体的研究取得了重大的科学成就，同时也意味着科学研究的基本问题、方法标准以及应答方式的变革，“科学革命的显著范例，是那些以前在科学发展中一直被称为革命的著名事件”。“每一次革命都迫使科学共同体抛弃一种盛极一时的科学理论，而赞成另一种与之不相容的理论。”[②] 库恩的“范式”概念指的是科学研究中与常规科学相区别的科学革命所导致的问题解决标准与科学思维方式的变革，在严格意义上，马克思主义文学批评研究的理论范式问题与库恩的“范式”概念的原意是不在一个学理层面上的，因为马克思主义文学批评毕竟在它的基本问题、方法标准以及提问方式上与科学研究有重要的区别，特别是马克思主义文学批评在面向文学阐释及其文学价值观念的过程中，自然有它的基本的问题属性和人文特征的规定。在这方面，马克思主义文学批评研究并非拥有一种天然的固定不变的理论范式，也不是库恩所说的那种科学共同体的行为。但是，这并非意味着马克思主义文学批评的理论范式问题是一个伪命题或是一个不值得重视的问题；相反，马克思主义文学批评理论仍然存在着它的基本的理论范式研究的可行性与必要性，特别是在当代社会文化语境中，马克思主义文学批评的理论范式问题仍然值得我们不断地作出深入的理论探讨。

马克思主义文学批评的理论范式研究主要突出的是作为一种理论形态的马克思主义文学批评在它的理论传统、研究格局与理论形态上所形成的重要的理论观念与理论把握方式，在学理层面上，马克思主义文学批评的理论范式与马克思主义美学研究的基本问题属性及其理论形式特性是一致的，也是在长期的马克思主义文学批评实践中凝练而成的。从马克思主义

① ［美］托马斯·库恩：《科学革命的结构》，金吾伦译，北京大学出版社 2003 年版，第 10 页。
② 同上书，第 5 页。

美学的经典理论表述来看，马克思和恩格斯并没有明确规定马克思主义文学批评的理论范式是什么，但是，随着马克思主义美学与批评理论的不断发展以及马克思主义美学理论内容的不断丰富，马克思主义文学批评在把握具体的文学问题，如现实主义文学创作问题、典型化问题、审美意识形态问题、审美幻象与文化生产方式问题、美学与历史的批评标准问题的过程中，仍然显示出了它在把握现实文学经验方面的理论形态与理论特征，也展现出了理论范式层面上的价值与影响。马克思的《德意志意识形态》《〈政治经济学批判〉导言》等一系列理论著作强调文学与意识形态的关系，体现了从文学与意识形态的联系中探析文学本质特征的理论特性，这种理论把握方式长期以来构成了马克思主义文学批评的基本的理论形态。马克思在古希腊神话研究、晚年“人类学笔记”中的人类学研究、关于“莎士比亚化”和“席勒式”的现实主义文学批评中，表现出了对审美问题的历史逻辑、人类学基础及其伦理美学功能的重视，其中所展现出的审美意识形态理论方法长期以来也构成了马克思主义美学的基本的理论原则。马克思主义文学批评的这些理论方法与美学逻辑不仅具有重要的理论价值，而且影响深远，在某种程度上，早已超越了具体的文学批评理论与方法的特性，具有了理论范式的意义，这也正是马克思主义文学批评的理论范式问题理应成为马克思主义美学基本问题的原因。

那么，究竟什么是马克思主义文学批评的理论范式呢？从马克思主义文学批评的理论把握方式和美学原则来看，马克思主义的经济基础—上层建筑理论模式所确立的审美意识形态批评应该是马克思主义文学批评基本的理论范式。这主要是由以下几方面的因素决定的。首先，它是由马克思主义美学总的哲学基础决定的。在《〈政治经济学批判〉序言》《德意志意识形态》等著作中，马克思立足于人类社会实践的物质条件与现实基础，深刻阐释了社会存在与社会意识、生产力与生产关系、经济基础与上层建筑的辩证关系，提出了历史唯物主义和辩证唯物主义的理论观念，历史唯物主义和辩证唯物主义的统一也构成了马克思主义美学的哲学基础。正如恩格斯所说：“正像达尔文发现有机界的发展规律一样，马克思发现了人类历史的发展规律，即历来为纷繁芜杂的意识形态所掩盖着的一个简单事实，人们首先必须吃、喝、住、穿，然后才能从事政治、科学、艺术、宗教等直接的物质生活资料的生产、因而一个民族或一个时代的一定的经济发展阶段，便构成为基础，人们的国家制度、法的观点、艺术以至宗教观点就是从这个基础上发展起来的，因而也必须由这个基础来解释，而不是像过去那样做得相反。”[①] 在历史唯物主义和辩证唯物主义的哲学基础上，马克思揭示了人类历史的发展规律，从而在人类思想史上引起了革命性变革。在马克思和恩格斯那里，文学艺术和美学问题是与历史和人的问题、劳动与社会实践问题、人的本质与美的本质问题、物质生产与精神生产问题等深刻地联系在一起的，因此，马克思主义文艺理论的基本问题、理论范式与马克思主义哲学的基本原则与精神有着深刻的学理联系，在历史唯物主义和辩证唯物主义的哲学观念中所展现出来的对社会历史和文化现实的批判精神也构成了马克思主义美学基本的理论指向。马克思主义的经济基础—上层建筑理论模式及其审美意识形态批评的理论范式从哲学依据上而言，是符合马克思主义美学这个基本的理论指向的。其次，马克思主义文学批评在经济基础—上层建筑的理论模式中所确立的审美意识形态批评的理论范式是与马克思文学批评实践联系起来的。马克思、恩格斯等马克思主义经典作家在创建其理论学说与思想体系的过程中，并没有忽略审美问题，更没有轻视具体的文艺实践。在马克思的《博士论文》《1844 年经济学—哲学手稿》《〈政治经济学批判〉导言》“人类学笔记”以及恩格斯关于现实主义文学批评的重要理论著作中，文学审美实践方面的思考构成了马克思主义文艺理论的精神标识。19 世纪 40 年代，从对当时欧洲批判现实主义文学关注开始，马克思和恩格斯曾写作了《英国的资产阶级》《致斐·拉萨尔》《致玛·哈克奈斯》《致敏·考茨基》《神圣家族》《从人的观点论歌德》《诗歌和散文中的德国社会主义》等批评著作，这些著作现在是马克思主义文艺理论重要的批评文献。在这些著作中，马克思和恩格斯将历史唯物主义和辩证唯物主义的哲学观念融入文学批评过

① ［德］恩格斯：《在马克思墓前的讲话》，《马克思恩格斯文集》（第 3 卷），人民出版社 2009 年版，第 601 页。

程，提出了“莎士比亚化”“席勒式”“现实主义创作方法”“典型化”等一系列重要的文学批评原则和实践主张，这些批评原则和实践主张既成为马克思主义文艺理论的重要内容，也对马克思主义文学批评理论范式的奠定起着重要的作用。再次，马克思主义文学批评的理论范式还与马克思主义文学批评的方法论特征结合在一起，这个方法论特征就是在马克思主义的经济基础—上层建筑的理论模式中形成的审美意识形态批评。马克思和恩格斯没有明确地提出过“审美意识形态”的概念，这并非意味着审美意识形态的概念不属于马克思主义文学批评的理论范畴。马克思和恩格斯在提出作为一种哲学观念和方法原则的历史唯物主义和辩证唯物主义理论的时候，特别是在论述社会存在与社会意识、意识形态与社会生产、社会劳动与人的观念、资本主义社会的异化现实与人性分裂等问题中，是将文学、审美及文化问题与一定社会的生产方式、意识形态联系起来的，从而体现出了对审美意识形态问题的重要的理论思考。马克思曾经说：“当艺术生产一旦作为艺术生产出现，它们（艺术形式）就再不能以那种在世界史上划时代的、古典的形式创造出来。”① 马克思强调艺术生产包括一定社会中的艺术形式不可避免地受到社会与时代语境的影响，因而一定社会中的艺术生产也不可避免地与现实社会中的意识形态变革联系起来，在这个联系中，一定社会中的文学艺术既是社会生产的一部分，也会以它特有的艺术形式、象征意蕴和审美蕴含展现一定的社会关系与现实经验，从而表征一定的意识形态现实。审美意识形态批评正是在这方面体现出了马克思主义在经济基础—上层建筑理论范式的“隐喻性”的方法论特性，也是对马克思主义的经济基础—上层建筑理论模式的批评呼应。对此，西方马克思主义美学家也有一定的理论阐述。英国马克思主义批评家特里·伊格尔顿就认为，审美是“一种特别有效的意识形态媒介”②，美国马克思主义美学家杰姆逊也曾认为：“审美行为本身就是意识形态的，而审美或

① ［德］马克思：《〈政治经济学批判〉导言》，《马克思恩格斯文集》（第8卷），人民出版社2009年版，第34页。

② Terry Eagleton, *Criticism and Ideology: A Study in Marxist Literary Theory*. London: Verso. 1978, p. 20.

叙事形式的生产将看作是自身独立的意识形态行为，其功能是为不可解决的社会矛盾发明想象的或形式的‘解决办法’。”[①] 与杰姆逊等人不同，雷蒙·威廉斯、托尼·本尼特、德鲁·米尔恩等马克思主义批评家则强调在走出经济基础和上层建筑理论框架的基础上，展现艺术生产与社会语境的复杂关系，从而实现对马克思主义的审美意识形态理论的更为完整意义上的解读，特别是德鲁·米尔恩，他强调马克思主义的审美意识形态批评方法应该是一种典型的批判性阅读的方法，它“既有对细节的细读，也有对历史语境的敏锐意识，也拥有抽象化和综合一般理论的能力。不是零散地对马克思主义美学的宣告，而是马克思著作所体现出来的批判和文学批评的方式，使马克思著作对于批判理论，尤其是对于文学批评来说显得非常重要。”[②] 西方马克思主义理论家考虑到了审美问题能够在社会发展的复杂语境中表征意识形态的复杂机制，从而展现出了在社会生产与意识形态的裂隙中植入审美话语功能与价值，努力深化马克思主义理论话语的现实功能的理论追求，这是对马克思主义的经济基础和上层建筑理论的发展研究，也是在马克思主义基本理论基础上对审美意识形态批评方法的有益的理论补充。

英国马克思主义文学批评家雷蒙·威廉斯曾说：“任何对马克思主义文化理论的现代理解都必须从考察关于决定性的基础和被决定的上层建筑的命题开始。”[③] 在学理层面上，马克思主义的经济基础—上层建筑理论模式中所确立的审美意识形态批评理论范式并不是那种单纯地强调“经济决定论”的理论阐释方式和批评方式，而更多地强调社会现实与审美话语之间深刻的交融、会合以及影响过程，它根植在文学与社会、审美与现实的交融影响所形成的批评空间之中，诞生于意识形态与审美话语之间复杂的思想张力之中，体现了意识形态与审美话语之间隐蔽的表达逻辑与复杂

① ［美］詹姆逊：《政治无意识》，王逢振译，中国社会科学出版社 1999 年版，第 67—68 页。

② ［英］德鲁·米尔恩：《解读马克思主义文学理论》，陈春莉译，《马克思主义美学研究》（第 11 辑），中央编译出版社 2008 年版，第 110 页。

③ ［英］雷蒙·威廉斯：《马克思主义文化理论中的基础与上层建筑》，胡谱忠译，《外国文学》1999 年第 9 期。

的运行机制，把握这个理论范式其实也是内在地理解马克思主义文学批评实践方式的过程。

第二节　如何看待中国马克思主义文学批评的理论范式问题

审美意识形态批评在马克思主义哲学和美学理论观念中占据重要位置，但一直以来，由于意识形态概念的内涵较为复杂以及审美意识形态批评的方法论指向较为丰富，相应地也导致了人们对马克思主义的经济基础—上层建筑理论模式及其审美意识形态批评的理解存在着复杂的取向，甚至在不同的理论语境以及理论发展中，马克思主义文学批评的经济基础—上层建筑的基本理论模式也存在着理论形态上的差异，这也正是当前马克思主义文学批评理论范式研究中出现的新的理论问题。世界范围内马克思主义文学批评不同的理论模式体现了不同国家的社会和理论语境中马克思主义文学批评不同的理论特点，这也说明了马克思主义文学批评的理论范式其实并没有固定的一成不变的理论形态，各个国家的马克思主义文学批评的理论研究均是在自身的理论语境中，在关注具体理论问题过程中形成各自理论范式上的特色的，这与马克思主义文学批评的经济基础—上层建筑的基本理论范式并不矛盾，因为各个国家具体的马克思主义文学批评的理论范式都是在马克思主义文学批评实践和具体的理论思考中形成的，马克思主义的经济基础—上层建筑理论范式是作为一种重要的方法论基础和问题性的思想框架在不同理论问题研究和实践经验中起作用的，这一点也正是马克思主义文学批评理论范式研究的应有之义。

不同国家的马克思主义文学批评理论范式各自具有不同的理论特色，中国马克思主义文学批评的理论发展具有自己的知识经验、理论模式与当代语境，其理论范式研究理应引起我们的重视。中国马克思主义文学批评的理论范式研究有一定的难度，这主要是由中国马克思主义文学批评理论与实践所置身的特殊的历史语境和问题特性决定的。从历史语境而言，中国马克思主义文学批评与中国现代社会发展特殊的政治、文化与意识形态现实有复杂的关系，理论范式层面上的研究更多地受社会时代诉求的影响，这是中国马克思主义文学批评先天具有的理论特征。[①] 这一点在“五四”时代中国马克思主义文学批评的最初确立时期表现得非常明显。在20世纪20年代中国马克思主义文学批评开始确立的时候，它着力探讨的更多的是卢卡奇所说的“无产阶级意识”的问题，审美意识形态批评的理论特性并不明显。比如，20世纪20年代的李初梨就坚持，无产阶级文学是“为完成主体阶级的历史使命……以无产阶级的阶级意识，产生出来的一种斗争的文学”[②]。在当时左翼文学批评的理论研究中，马克思主义之所以重要，是为了“表明无产阶级底阶级意识，鼓舞无产阶级的人底战斗意识，而为意识争斗的武器的才是无产阶级艺术”。而作为一个作家，关键的就是要“努力克服自己的小资产阶级的根性，把你的背对向那被奥伏赫变的阶级，开步走，向那齷齪的农工大众!”[③] 在这种情形下，马克思主义文学批评的理论形态的凝定和理论范式的提升更多地淹没在社会主体和情感经验层面的追求上，在1928年的“革命文学”论争中，恽代英也认为“先有革命的感情，才会有革命的文学”，他呼唤青年：“倘若你希望做一个革命文学家，你第一件事是要投身于革命事业，培养你的革命情感。”因为“文学是‘人类高尚圣洁的感情的产物’”[④]，在批评研究和理论思考的层面上，主体情感与经验的渗入是重要的，它在一种类似于雷蒙·威廉斯所说的“感觉结构”层面上起作用，没有主体情感和个体经验追求的马克思主义批评理论是没有活跃性的生命力的。但是，如果理论的思考仅仅停留在个体经验与群体激情的层面上，势必会影响学理上的提升。中国马克思主义文学批评的这种理论格局可以说一直到20世纪40年代毛泽东的《在延安文艺座谈会上的讲话》（以下简称《讲话》）仍然在

① 段吉方：《中国马克思主义文学批评的知识经验、理论模式与当代语境》，《华南师范大学学报》2014年第4期；王杰、段吉方：《60年来马克思主义文论在中国的范式转换及其基本问题》，《社会科学家》2011年第3期。

② 李初梨：《怎样地建设革命文学》，见《文化批判》1928年2月25日第2号。

③ 郭沫若：《留声机器的回音》，见《文化批判》1928年3月15日第3号。

④ 恽代英：《文学与革命》，见《中国青年》1924年第31期。

持续。在《讲话》中，毛泽东基于“文艺大众化”的理论发展方向提出了中国马克思主义文学批评的理论追求，他仍然强调，革命的文学要做到“大众化”，首先要做的是“感情起了变化”，“文艺工作者的思想感情和工农兵大众的思想感情打成一片”。[1]

丹尼尔·贝尔曾指出：“意识形态之所以具有力量也就在于它的激情”，“意识形态最重要的、潜在的作用就在于诱发情感”。[2] 马克思主义的经济基础—上层建筑的理论范式突出的正是审美意识形态研究的审美与情感的维度，在这一点上，很显然，中国马克思主义文学批评早已有了充分的时代和社会语境上的准备，即使是在20世纪40年代毛泽东的《讲话》之后，中国马克思主义文学批评仍然不缺乏意识形态的审美与情感研究的维度。但是，即便是在20世纪40年代的《讲话》时期，我们不得不承认，历史语境的影响、社会历史时代的诉求以及个体经验的培育既对当时的中国马克思主义文学批评理论的发展有一定的促进作用，也让它在学理上的缺陷暴露得很明显，在具体的文艺批评与审美研究领域，马克思主义文学批评在应用到具体文学批评的过程中仍然存在着理论话语的简单化和理论范式的不稳定之处，这也意味着中国马克思主义文学批评的理论形态与理论范式的建设仍然面临着很严峻的任务。从学理层面上而言，中国马克思主义文学批评理论范式的凝练就是解决中国马克思主义文学批评在坚持马克思主义理论原则的基础上，是以什么样的理论方式融入它的“问题性”，以什么样的理论形式深入把握当代审美文化经验的现实，并在这个过程中展现自身稳定的理论形态与特征的问题。这是一个不断回到马克思主义文学批评的基本的理论范式又不断超越它的过程。回到马克思主义文学批评的基本的理论范式就是要在文学批评实践中强调马克思主义哲学的基本原则和立场，在面对文学批评具体问题的过程中回到马克思的基本的提问方式；超越马克思主义文学批评的基本的理论范式则是要在马克思

---

① 毛泽东：《在延安文艺座谈会上的讲话》，见《毛泽东选集》（第3卷），人民出版社1991年版，第851页。

② ［美］丹尼尔·贝尔：《意识形态的终结》，张国清译，江苏人民出版社2001年版，第394页。

主义文学批评实践中时刻考虑中国文学与艺术问题的基本语境与现实，在马克思主义文学批评的基本理论范式与中国问题、中国经验相结合过程中充分展现理论与现实的关联性和对话性，在文学和艺术批评实践中形成区别于国外马克思主义文论的中国马克思主义文学批评的理论形态。每个国家的马克思主义文学批评都有自身特有的发展道路与理论语境，无论是苏联的马克思主义文论，还是欧美马克思主义文论，它们的理论模式都体现了在具体的语境与问题中深化和发展马克思主义美学与批评的理论贡献，也为我们提供了重要的借鉴经验。相比这些国家的理论，中国马克思主义文学批评的理论范式研究更加需要展现自身的理论的特殊性。马克思主义文学批评的理论范式不是人为地创造出来的问题，也不是按照历史时代的发展简单梳理某个历史时期马克思主义批评的文献史实就可以完成的，它是一种反观传统、反思经验以及批判性的回溯研究的过程，是在回到马克思主义文学批评的基本问题中展现马克思主义文学批评充分解析文学发展历史与经验的过程。这也意味着中国马克思主义文学批评理论范式的研究与建设既需要充分考虑到时代与历史语境发展导致的意识形态诉求的外部理论环境，更需要把握由于历史语境发展变化导致的具体文学问题的发展与变异，从历史的变化和现实语境出发，充分考虑中国当下文学研究的问题性，才有可能展现理论形态与理论范式建设上的成绩，但无疑这个过程是漫长的。

第三节　中国当代马克思主义文学批评的基本问题及其理论范式的呈现方式

由于20世纪中国社会独特的发展现实与社会文化发展的复杂性，中国马克思主义文学批评理论的演变与发展的过程也相对复杂，在每一个发展阶段，都深深地打上了社会、文化与时代的烙印，同时也不同程度地存在着理论上的局限。但是，无论在哪一个时期，中国马克思主义文学批评的基本问题和特征都没有改变，这个基本问题和特征就是在马克思主义哲学观念与中国社会实际相结合、马克思主义文艺理论与中国文学具体实践相结合的过程中，不断展现马克思主义批评与中国审美经验和艺术实践的联系，在时刻关注审美文化现实与大众文化经验的过程中把握中国审美意识形态的现实经验与问题形式。因此，从某种意义上看，中国马克思主义文学批评的演变与发展的历程，也是中国马克思主义文艺理论不断突出自己的理论问题和实现理论把握现实问题的过程，每一个时期的理论发展都积累了一定的经验，其中理论范式研究层面上的思考更值得重视。

20 世纪以来，西方马克思主义文论和中国马克思主义文论都发生了重要的变化。西方马克思主义文论在理论范式上的拓展与深化较为迅速，包括卢卡奇、葛兰西、阿尔都塞、雷蒙·威廉斯、阿多诺、杰姆逊、马尔库塞、本雅明、特里·伊格尔顿以及东欧的新马克思主义文论，他们的理论观念既有国外马克思主义理论整体性的理论特点，也呈现出了个人化的理论的复杂性。在马克思主义文学批评理论范式的层面上，他们的理论拥有他们的“总问题”，或用阿尔都塞的话来说具有他们的“问题框架”。佩里·安德森所说的，20 世纪以来的西方马克思主义理论的“主题的创新”“形式的转移”“思想体系上的转折”[①] 等基本上是在这个“问题框架”中发生的。西方马克思主义文论的理论范式仍然在发展，特别是随着后现代文化思潮的崛起以及“后马克思主义”理论的出现，西方马克思主义文论的理论范式上的不确定性更加明显。但是，尽管如此，在西方马克思主义理论家那里，某些核心的理论观念以及批评实践仍然对他们的理论范式的呈现起到了重要的作用，比如，卢卡奇关于马克思主义文学批评的“总体性”的研究、关于无产阶级意识的研究以及关于现实主义文学批评的研究，就对他的马克思主义文学批评理论范式的形成起到重要的作用；阿尔都塞的意识形态与意识形态国家机器理论、意识形态、科学与艺术的三元关系理论以及“多元决定”思想也构成了他的马克思主义文学批评理论范式的核心内容，诸如此类的还有威廉斯的“文化唯物主义”和“感

① ［英］佩里·安德森：《西方马克思主义探讨》，高铦等译，人民出版社 1981 年版，第 96—97 页。

觉结构”理论、马尔库塞的“新感性”理论以及“爱欲与文明”观念、葛兰西的“文化领导权”理论、杰姆逊的“辩证批评”观念以及“后工业社会”的文化理论，等等，这些理论形式在某种程度上都具有理论范式上的意义。西方马克思主义文论在理论观念上具有明显的批判性、政治性与人本化色彩，理论与现实文化的深度呼应是他们的理论范式上的主要特征与价值。但不足之处也很明显，首先，西方马克思主义文论的哲学化色彩比较重，理论上的研究有时与文学的批评实践相去甚远，有的甚至看不出他们的马克思主义文学批评是一种哲学理论还是一种文学理论；其次，西方马克思主义文论在理论观念上还存在着西方资本主义社会的意识形态批评特征，意识形态与政治批评的色彩还很明显，不一定完全适合中国文学批评；最后，西方马克思主义文论对马克思主义理论的理解差异较大，分歧很多，理论观念上也很难统一。

相比西方马克思主义文论，中国马克思主义文论在理论范式上的呈现方式显然不同，这主要也是由中国马克思主义文学批评的时代性和问题性决定的。在中国马克思主义文学批评理论发展中，在理论范式层面上受到较多探索的理论观念和理论形态是20世纪40年代毛泽东在《讲话》中提出的“文艺大众化”的观念，以及80年代中国当代文学理论研究中的审美意识形态观念。20世纪40年代，毛泽东在《讲话》中提出的“文艺大众化”的观念具有明显的与当时中国特殊的意识形态现实相呼应的特点，在当时的历史语境中对无产阶级的“文化领导权”的树立起到了重要的作用，在整体理论形态上正符合了中国马克思主义文学批评理论范式的语境特征。“文艺大众化”有较为鲜明的理论发展意义和时代意义，它的提出集中体现了意识形态诉求与中国文艺实践在理论话语上的关系特征，具备了中国马克思主义文学批评的审美意识形态理论属性。“文艺大众化”观念提出后，在中国当时社会实践、文艺实践中也曾经经历了一定程度的检验，但遗憾的是，随着社会语境的变化，“文化大众化”的理论形式没有完全实现在具体文学批评实践中的应用，学理上的断裂也极大地冲淡了理论范式层面上的特性。但是，我们不能否认的是，作为20世纪中国马克思主义文学批评的一种典范的理论形式，“文艺大众化”的理论观念仍然具有丰富鲜活的理论魅力，在提升中国马克思主义文学批评的理论范式层面上具有重要的理论价值，特别是在今天，更需要我们做出深入的理论总结。审美意识形态理论是20世纪80年代以来中国当代文学理论研究中兴起的理论观念，与中国当代文学批评的知识经验密切相关，是中国新一代马克思主义文学理论研究者的理论思考的结晶。审美意识形态理论之所以会在20世纪八九十年代取得突破性的进展，与新时期以来中国当代美学与文学理论研究的格局的改变分不开，更突出地体现了中国马克思主义文学批评在不断变化的历史语境中的理论把握现实能力的提升。审美意识形态理论具有理论建构层面上的意义，它是中国当代多元化的审美文化经验促动的结果，体现了中国马克思主义文学批评在理论思维方式和理论观念上的深入拓展，是中国马克思主义文学批评的理论范式研究中的一个值得重视的收获。“文艺大众化”和审美意识形态理论都具有不同于国外马克思主义文论的理论形态特征，中国马克思主义文学批评发展中的这两种理论观念虽然在不同的历史条件下呈现出一定的变化，但它们具有共同的理论指向。作为一种理论范式层面上的建设的考虑，无论是“文艺大众化”还是审美意识形态理论观念，我们不能说它们就代表了中国马克思主义文学批评的理论范式，在学理上的理论范式层面，这两种理论观念都还需要深入的理论锤炼，更需要在延续时代文化经验的过程中充分总结学理上的特性，但无疑这两种理论观念和理论形态对中国马克思主义文学批评的理论范式建设具有重要的理论价值。理论范式的建设是一个长期的过程，特别是学理层面上的凝练与理论观念上的建构过程更需要充分的文化语境的培育和理论家们的集体创新，并不断经受批评实践的质疑与批判，中国马克思主义文学批评理论范式的建设也需要这样一种过程。就“文艺大众化”与审美意识形态理论而言，理论研究与丰富发展的建构过程和呈现方式还处于不断深化之中，这也说明了中国马克思主义文学批评的理论范式其实也处于一种“理论的现代性”之中。这种“理论的现代性”与中国当代马克思主义文学批评的理论形态与基本问题直接相关，它是中国当代特殊的审美意识形态研究的一部分，当这种审美意识形态能够以完善的理论形态与有效的理论形式展现出来的时候，理论范式的建设才有可能完成。但是，无论如何我们不能放弃这方面的思考，中国马克思主义文学批评如果不能把握当代社会大众的生活经验与情感诉求这一基本问题，它将失去它的现代性精神。就此而言，中国当代马克思主义文学批评的理论范式的研究其实也是面向中国文学发展的“现代性”的一种必备的工作。

第四节 中国当代马克思主义文学批评的学术定位与理论责任

对中国马克思主义文学批评而言，理论范式上的建设既是一种迫切的理论责任，但又不能变成主观人为的空疏口号，特别是要避免繁复的理论观念的堆砌。理论范式的建设本身具有“后发性”的属性，它必须是在一定的理论语境及其漫长的理论问题研究过程中才能呈现出来的理论形态。理论范式的建设不单纯是一个宏大理论的建构问题，更是一个批评实践的充分展开问题，需要在具体的文学批评实践中真正有效地应用马克思主义批评原则，让那种学理性的马克思主义文学批评真正融入具体的批评实践，使批评有效力，有活力，有信心。中国马克思主义文学批评的现实语境比较复杂，理论范式的研究与建设充满了多重的话语考验，这就更加需要中国马克思主义文学批评研究与建设进一步明确理论研究的学术定位和理论责任，进一步增强问题意识和理论自觉，这既是作为一种“理论的现代性”的中国马克思主义文学批评理论范式研究的内在发展理路，同时也让中国马克思主义文学批评在走向学理化的道路上面临着一定的压力。压力首先来自多元化的中国当代文化生态和理论现实。中国当代马克思主义文学批评置身于不同理论话语的交融会合之中，理论上的研究既众声喧哗又在“各抒己见”，包含着对马克思主义美学及其批评学意义的多重理解。中国传统文论资源、中国现代文学理论话语、西方文论资源、西方马克思主义文论观念对中国马克思主义文学批评理论建设既产生了积极的影响，同时也需要认真的鉴别批判。中国马克思主义文学批评区别于苏联，区别于欧美马克思主义文论的理论特性在哪里？它的理论建构的方向是什么？

这些问题很容易在众声喧哗和“各抒己见”中被消解。其次，压力还来自各种观念之争带来的理论上的趋同与求异的困难选择。在中国马克思主义文论研究中，曾有很长一段时间我们处在“西方是非论”的理论迷雾之中，受西方马克思主义文论的影响颇深，现在，“西马是非论”的观念基本得以厘清，但留给我们的理论思考仍然值得重视。[①] 在这方面，与其老是在争论“西马”，倒不如老老实实回到“中马”。回到“中马”就是要思考，中国马克思主义文学批评与西方马克思主义文论相比，我们究竟拥有什么样的知识资源与理论前景，究竟需要怎样关注现实文化经验的发展与变革，进而在这个基础上形成集中的理论思考。最后，压力还来自当代西方文论的冲击，迫切需要对当代西方文学理论特别是后现代话语进行深入的反思研究。中国文学理论界拥有后现代话语多年，在西方，后现代主义话语与马克思主义理论是并存的，后现代主义与马克思主义并非天生死敌，西方马克思主义理论中的很多理论家也都有依靠后现代主义话语“借尸还魂”的特点，如杰姆逊、德里达以及各种“后马克思主义”者。马克思主义与后现代主义的理论对话性是非常明显而重要的。但是，对于后现代主义话语，中国当代文学理论研究界显然既无德里达式的“破解之法”，也无杰姆逊式的“还手之力”。这并非意味着德里达或杰姆逊对待后现代主义和马克思主义的理论态度就是完全正确的，而是说，他们的理论研究正体现了马克思主义美学与批评理论的“非一成不变”的特征，这种“非一成不变”的理论特性正是后现代主义理论的精髓，用美国学者哈维的话说就是后现代主义是在一种“分裂的、短暂和混乱的流动的‘事实’的某种斗争中派生出了自己的美学”[②]，后现代主义处在一种理论话语的“流动”之中，这也是马克思主义与后现代主义话语的理论对话所要面对的意义与价值上的重要分歧所在。就中国当代马克思主义文学批评的理论范式研究而言，也需要在问题意识和实践效应方面努力体现马克思主义文学批评这种“非一成不变”的色彩。德国文学理论家伊瑟尔

---

① 冯宪光：《西马文论是非论》，《文学评论》2012年第3期。

② ［美］戴维·哈维：《后现代的状况》，阎嘉译，商务印书馆2003年版，第157页。

曾说，马克思“还没有讲清自己为什么依然喜爱希腊史诗这个棘手的问题就停了笔”①，马克思主义文学批评理论之所以有现实发展之必要，就是因为我们并不需要马克思一定要接着把希腊史诗问题讲清楚，我们需要的是他的哲学精神和学理价值。

进入21世纪以来，伴随着世界范围内后现代主义文化话语的落潮，中国当代文学理论研究也面临着一定的理论落差，现在再琢磨美国学者大卫·格里芬在为《后现代科学》一书所写的中文版序言中说的话——“我的出发点是：中国可以了解西方国家所做的事情，避免现代化所带来的破坏性影响。这样做的话，中国实际上是‘后现代化’了。”② 更是别有一番风味。后现代主义理论代表了一种思维方式和理论观念的展开方式，当它与具体的理论问题相遇之后，它提供的不仅仅是一种理论观念和话语方式的差异性，它自身包含的思维方式和理论观念也内在地融入某种理论生态和理论格局的变化之中。中国当代乃至世界文论中出现的“意识形态终结”“文学理论的危机”“反理论”的声音、“理论已死”的宣告，其实都与当代“后学”思潮的理论渗透、影响甚至干扰有关，这无疑也给中国马克思主义文学批评的理论建设与理论发展以很大的冲击。当代西方文论从经典观念到多元主题是理论发展的客观走向，中国当代马克思主义文学批评的理论范式的完善必然要面对这个多元主题的西方文论以及中国文论的发展现实。这也说明，中国马克思主义文学批评理论范式的建设并不是中国语境中的文学理论书写这样一种单一的理论责任，它必将与多重文论资源的阐释融合相遇，中国当代马克思主义文学批评理论范式的建构离不开多重文论资源的阐释融合，也离不开对它们的有效借鉴与批判。在一个较长的时期内，系统整理和消化当代西方文论话语的有效资源，把握当代中国文学的新的趋势，将是中国当代马克思主义文学批评理论范式建设的重要任务。特别是在全球化时代，文化政治与文化经济已经对文学生产产生了重要的影响，新媒介的出现也已经影响了文学与理论的传播过

① ［德］沃尔夫冈·伊瑟尔：《怎样做理论》，朱刚等译，南京大学出版社2008年版，第126页。

② ［美］大卫·格里芬：《后现代精神》，王成兵译，中央编译出版社1998年版，第20页。

程，中国当代马克思主义文学批评的理论研究也必将从以往那种“唯苏”“唯欧美”的理论倾向走向理论的多元化发展。在这种发展面前，中国当代马克思主义文学批评的反思超越的主题必将是明显的，在批判反思中守正创新，仍将是中国当代马克思主义文学批评研究基本的学术定位与重要的理论责任。

附　录

美学面向现实的提问方式

美学面向现实的提问方式
——王杰教授访谈

段吉方：王老师，您好！很高兴您能接受我的采访。从 20 世纪 80 年代开始，您置身美学研究已经有近三十年了，能首先谈谈这三十年来您的学术成长历程吗？

王杰：时间过得真快，一晃三十年了。1978 年我考入武汉大学哲学系读本科，开始并没有太明确的兴趣，除了听哲学系的课程以外，也选修了诸如《马克思主义文艺理论》《马克思主义经典著作目录学》《外国文学》等其他系的课程。当时武汉大学实行学分制，对学生的自由发展起了很好的作用。在《中国哲学史》的课上，老师就讲到了李泽厚的《美的历程》，这引发了我对美学的兴趣。大约在二年级下学期，刘纲纪教授讲《美学》，学生爆满，不但哲学系的学生来听，其他系的学生也来了，教室坐不下，我记得最后是调到珞珈山上食堂边的小礼堂里面上课了。那是一个狂飙突进的年代，也是一个美学高峰的年代。美学在那个年代不仅仅是人文科学的引领学科，也是思想解放运动的主要支撑学科。那个时候的思想养分真是很丰富，对于从少数民族山区考出来的"养猪娃"来说真是应接不暇。我就在那个时候开始关注美学，报刊上许多关于美学问题讨论的文章时常阅读，还认真读了黑格尔的《美学》四大卷，读了《近代画家》、鲍桑葵的《美学史》、尼采的《悲剧的诞生》。电影《叶塞尼亚》《冷酷的心》《卡桑德拉大桥》《望乡》等也对我产生了影响。哲学系组织的论文竞赛中我写了一篇《论喜剧性》的论文，得了奖，收录到了学生论文集中。翻译征文比赛中，我译的也是美学方面的论文，是关于黑格尔的审美人类学思想的，后来也收在哲学系学生译文集中。我的学士论文的题目是《论人的本质和审美的本质》，指导教师是刘纲纪教授，后来发表在江西省哲学学会的年会论文集上。

1985 年 9 月，我在广西师范大学中文系林焕平教授和林宝全教授门下开始研习马克思主义美学，林焕平教授和林宝全教授都是马克思主义美学研究方面的专家，在他们的指导下我得到了很好的学术训练，我的严格意义上的第一篇学术论文就是在他们的指导下完成的，那是一个会议综述，就发表在《社会科学家》杂志上，我还写了关于悲剧问题的研究论文，也是在《社会科学家》发表的。我的美学研究最早的一批论文是发表在《社会科学家》这个刊物上的，所以我一直对这个刊物有特别的感情。1988 年我考入山东大学，在周来祥教授门下读博士。周先生是一个学识渊博的学者。当时中国马克思主义美学研究可以说正面临很大的瓶颈，问题也很多，走向还不清晰，周先生就启发我继续做这方面的研究，特别希望我能够从当时在学界还存有很大争议的后现代主义美学、西方马克思主义美学入手，反观和清理中国马克思主义美学研究所面临的机遇与问题。我这样去做了，后来在 1995 年我出版了自己第一部学术著作《审美幻象研究——现代美学导论》，就是我的博士论文的修改本。这本书原来打算给人民文学出版社出的，但广西师范大学出版社要出，我就给他们了。这本著作后来在学界反响很好，再版了几次。

所以，我感觉这三十年对我的成长起到重要作用的，一个是时代，再一个就是有好的导师，好的学术和精神的引导者。任何人的学术成长都离不开时代，我是和这个时代共同成长的。我很庆幸在我的成长道路上遇到了四个很好的老师，他们是刘纲纪教授、林焕平教授、林宝全教授和周来祥教授。他们学术都很优秀，人格也很崇高，而且都对马克思主义美学有深刻的理解和一种学术上的坚韧，正是在他们的影响和引领下，我才能够在学术道路上坚定地走到今天。林焕平教授已经去世了，刘纲纪教授、林宝全教授和周来祥教授现在年纪也很大了，每当想起他们，我都很感动，也很感恩，我的学术研究的动力也就更大了。至于我本人，我认为没什么可表述的。如果让我说，只有一点，就是我较早地接触到了行政工作，这是我的不幸，也是我的幸运。为什么这么说呢？我认同托尼·本尼特所说的实践型知识分子或者说是参与式知识分子的观点，较早地介入管理与行政会影响学术研究，但也让我对现实的理解更深刻了，我去参与了这个社会，这对我的马克思主义美学研究有好处。如果我不参与社会，很可能我的研究跳不出两种结果，一个结果就是搞那种老套的马克思主义美学，另一个结果就是走向“法兰克福学派”那种激进的马克思主义美学研究，我感觉我不是这样的，这与我的参与有关。我从广西师范大学，到南京大学，再到上海交通大学，总是在最艰难最繁重的岗位上工作，但是回过头来看，我也不后悔。我认为生活就是这样，该付出就付出，学术研究更是如此。

段吉方：这么来说，当代美学研究三十年，您是一个全程走过来的学者。我注意到，从去年以来，学界都在总结当代美学研究三十年的成绩和经验，其中也包括中国马克思主义美学研究的历史与成绩，您能否就您自身的感受和体验谈一谈中国马克思主义美学研究在这三十年中的表现？

王杰：这三十年，当然可以从不同的意义来评价它，坦率地说，我认为中国的美学研究还在艰难中，马克思主义美学更是如此。虽然我们很想把马克思主义美学振兴起来，但从整体看，来自学术界自身的那种努力自始至终还做得很少，能全力以赴地去做的人就更少，重建马克思主义美学的现代形态和现代意义还很难。我是从美学界来说的，哲学界可能好一点。从一般的意义上看，30 年来美学研究还是有很大成绩的。一个是 80 年代的美学研究，我觉得 80 年代最好的成绩就是实践美学。我曾经写过一篇关于中国当代美学概述的文章，我是把实践美学当作中国美学界在 80 年代的标志性成果来看的。另一个是 90 年代的审美意识形态理论，当然中国审美意识形态理论还在发展中，但贡献是不容否定的。我们可以具体分析一下，我觉得实践美学是中国美学界比较有意思的东西。实践美学来自哲学，不来自我们文艺理论界，这是一种历史的选择。在 20 世纪 80 年代，一流的文艺理论界的学者其实都转向哲学和美学了，当时有实力的学者几乎是清一色的“实践美学派”。实践美学其实与马克思主义美学有很大的关系，最近我在做一个访谈时也发现了一个很重要的问题，那是我跟英国开放大学托尼·本尼特教授的一个访谈，不久会在《文艺研究》上刊发。在访谈中提到一个词，就是我们很熟悉的“Humanism”，是译成“人道主义”还是译成“人文主义”？我想这是一个值得我们重新思考的问题。马克思的《1844 年经济学—哲学手稿》中确实是有人道主义的内容，但阿尔都塞指出人道主义是一种资产阶级意识形态，到底是“人文主义”还是“人道主义”？我认为值得好好探讨，这个问题留待我们日后讨论，我想说的是，这个问题其实与实践美学有关。你看，80 年代美学研究很大层面上就是从人道主义问题开始的，马克思《1844 年经济学—哲学手稿》中的美学围绕的就是人道主义的问题，有很多这方面直接的资料，所以我觉得实践美学的驱动力其实是马克思主义美学。现在有些学者又开始重新讨论关于人性、人文主义、人道主义，当然也会提到实践美学，但忽视了马克思主义美学的理论资源和思想资源，我觉得这是不应该的。再说审美意识形态理论，我觉得这也是中国当代美学研究三十年来的重要成绩，凝注了很多学者的心血。我曾经写过两篇文章，一篇是《当代中国语境中的审美意识形态理论》，另一篇是《中国马克思主义美学的基本问题与理论模式》，都是发表在《文艺研究》上，我的看法是中国马克思主义美学在理论模式上其实就是中国式的审美意识形态，当然我觉得在这方面还有很大的理论探讨和理论丰富的空间。

这是从一般意义上来总结的，我说的这个一般的意义其实也是从表面上来看，当然也存在不足。刚才讲到实践美学，实践美学其实很复杂，就好像“人文主义”或者是“人道主义”，它其实是一个很宽的概念，不是经过严格意义上的学科界定的东西，是一种思潮性的东西，一种很大范围的理论，它就像一条大河，什么东西都能容下。实践美学也是如此。20 世纪 80 年代，在“实践美学”这个大的潮流下，也是各种思想各种理论泥沙俱下的年代。马克思《1844 年经济学—哲学手稿》中有很多美学的东西，实践美学率先梳理出来，因此，当时大家就很推崇实践美学，但是现在看来，当时推崇的很多东西有马克思主义的，也包括非马克思主义的，还包括很多康德的东西。李泽厚的《批判哲学的批判》就是阐释康德的东西。我觉得康德在中国美学界的地位跟李泽厚有关，主要是李泽厚奠定的。康德在美学中很重要，李泽厚抓住了这一点，但是他也把他放到了一个超过马克思的位置，我认为这就是过了。后来人们循着李泽厚的路子研究实践美学也是这样看的，这就有问题了。我觉得对实践美学，我们要做各个方面的学理剖析，包括李泽厚的思想也是很混杂的。在马克思的理念中，浪漫主义美学是一种理论，一种思潮，最终超越了它，才是马克思主义。马克思和恩格斯不都讲过嘛，过去的理论如何如何，我们现在的理论如何如何，就是说，马克思很明确地把握他的理论有一种要超越的目标，但 20 世纪 80 年代的美学研究是把马克思主义要超越的目标当作最好的理论了，而且同时又宣称这就是马克思主义美学，这就是一个很大的学理问题。所以，从 20 世纪 80 年代的美学构成来看，康德以及实践美学在学理上的意义可能被高估了，这是我的看法，可能很多人不同意。包括审美意识形态理论，其实都存在着一个如何超越康德的问题。我跟伊格尔顿交流时，伊格尔顿很吃惊，说你们现在还在研究康德？我跟托尼·本尼特约稿，想让他谈谈形式主义美学，他说我早就不研究康德了，这让我有点儿震动。在我看来，康德美学和马克思主义美学可以看作是初等数学和高等数学的关系，他们不完全是对立的。高等数学不是对立于初等数学，是超越了初等数学，它完全是在一个新的规则下开始新的研究，在高等数学中初等数学全部融入进去了，不是简单的加减，是在一个更高的境界，更高的规则中的提升。康德是一个理想主义者，他的理想是走向自由，他是想把社会生活剔除出来，后来发现在理论上很难，就找到了很小的一个领域，一个自律性的领域，把自己划在一个很小的范围内，结果发现还是不行。康德美学最大的问题其实就是这种自由与人的撕裂，也是审美理想的撕裂，你想想，一个社会人怎么可能只有纯粹的审美理想，而不考虑其他呢？在康德的自律性空间中，美是很纯粹，很干净的，但他画了一个圈儿，美就在这个圈儿里面，结果走到一个很纯粹的唯心主义上面去了，后来黑格尔就扭转他，走向客观唯心主义。康德美学就这样最后走到了自己的理论绝境，在这个意义上，对康德美学我们是要批判的，特别是马克思主义美学对它绝对是批判的。但是，我们20世纪80年代的美学很多是从康德的这个圈儿里来的，把马克思的东西和康德的东西简单地加起来，这其中存在难以跨越的理论鸿沟，包括实践美学在内，我们还没有很好地解决这个问题，所以我说中国马克思主义美学建设的道路还很漫长。

段吉方：您这样来看待康德美学，我觉得很有意思，特别是您说康德美学和马克思主义美学是初等数学和高等数学的关系，我认为这是一种理论上的新的阐释，其中也涉及马克思主义美学的发展问题。我知道，这三十年中，您在马克思主义美学研究方面倾注了很大的心血，您认为中国马克思主义美学研究在世界范围内的马克思主义美学中处于一个什么位置？中国马克思主义美学的理论范式有哪些特征？

王杰：好的。这也是我正想和你探讨的问题。这三十年来我跟马克思主义美学研究的关系还比较密切，这多半是因为林焕平老师的关系。我真正的学术启蒙还是在硕士阶段，是在林焕平教授和林宝全教授的指导下。刚才我说到，我的第一篇学术论文就发表在《社会科学家》杂志上，那是一个学术会议综述。当时在桂林工学院召开了一个全国性的马克思主义文艺理论的学术研讨会，由陆梅林先生倡议，林焕平教授牵头的，陆梅林、陈涌等著名学者都来了。我记得在那个会上有一件让大家很振奋的事，就是林老把美国杰姆逊教授的《马克思主义与形式》带来了，大家看了都很兴奋，没想到国外还有人在研究马克思主义，还是很有影响的学者。因为当时信息很封闭，改革开放之后马克思主义还在经受不同的考验，马克思主义美学也还受到不断的冲击，对国外完全不了解，在会上就这么一点儿信息，就让大家很受鼓舞了。在当时的条件下，林老还影印了给我们，并向我们介绍了杰姆逊的马克思主义三部曲：《语言的牢笼》《马克思主义与形式》《政治无意识》。这对我也是个很大的激励，当时我做会务，会后写了一篇综述，发表在《社会科学家》上，当时《社会科学家》杂志还刚刚创办不久。然后大家就觉得很大的问题是下一步该怎么走，经过了三十年的努力，我们看到，中国马克思主义美学仍然处在十字路口，这就是我们的问题了。

我感觉，首先，这三十年，包括马克思主义美学在内的中国美学研究仍然没有摆脱一种语境的困扰，那就是我们仍然是处在简单的进化论和对西方理论的依赖中前进的。在很短的时间内我们就把西方的理论全部拿来了，好像什么东西越新就越有效。从介绍的角度讲是需要的，但反映了我们的一个心态，就是我们在追新中把马克思主义，把人文社会科学与自然科学相等同了。自然科学就是强调创新，觉得最新就是成功了，就领先了，人文科学绝对不是这样。我觉得胡塞尔讲得很精辟，他说如果人文科学用自然科学的方法和思路来研究，整个人文科学就被取消了，就不可能了。我们现在就是这样，先是“西方马克思主义”，接着是“后马克思主义”，结果中国马克思主义美学理论仍然没有得到很好的研究。这也是我想讲的第二点。我觉得中国马克思主义美学理论仍然没有得到学术界的足够重视，特别是毛泽东的《在延安文艺座谈会上的讲话》还没有得到真正的阐发。毛泽东的理论在西方有很大的影响，印度有一个经济学派，曾经获得诺贝尔经济学奖，他们从事所谓的“贱民研究”，称作“底层的经济学”或“贱民经济学”，他们的思想就来自毛泽东。阿尔都塞、马歇雷的文学生产理论也受毛泽东的影响，马歇雷艺术生产论的直接动因也来自毛泽东的《讲话》，他说“文学是意识形态的一种形式”，就是来自毛泽东《讲话》的原话，翻译过去就是这样表达的。当然，人家是在“形式意识形态”意义上讲的，包括审美的意识形态，这就和美学有关了，但形式意识形态与康德意义上的形式是两套理论范式。包括斯皮瓦克，我认为，她的理论的基本因素也是来自毛泽东的《讲话》，或受到毛泽东思想的影响。这让我想起杰姆逊的一个观点，我觉得很有意思，就是“思想的二次方程”。也就是说，一种思想跳到另一个语境中才能很好地发展。从世界范围内的思想文化发展来看，这样的现象是很多的。德里达的理论和思想到了美国才有了很好的发展，毛泽东的思想在20世纪60年代的法国、印度获得了很好的发展，现在又在拉美得到了重视，拉美国家现在搞的很多东西就是毛泽东思想的实践。这让我很吃惊，也就是说我们中国自己的马克思主义美学理论，我们自己不阐释，这是我们中国学者的悲哀。我们的学者现在盲目地相信西方的理论，但我们不要忘了，毛泽东的理论是从中国自己的实践中来的，很多东西是通过经验摸索出来的，他超越了西方。当然，《在延安文艺座谈会上的讲话》之后，有了“肃反”的扩大化，后来又有了“文革”，毛泽东有意无意地伤害了很多人，后来这些被伤害的人就用被伤害的感情对待毛泽东思想。但从中国马克思主义美学发展来看，毛泽东在延安时期的理论贡献是很大的，如果马克思主义研究再过一百年，回过头来再来看毛泽东和毛泽东思想，我想他的地位绝对是很高的。我们刚刚谈到20世纪80年代的实践美学，其实80年代还有文艺美学，但很遗憾文艺美学没有健康地发展，文艺美学有一个很重要的思路就跟毛泽东的理论很接近，它努力把中国的东西融进中国当代美学，这是文艺美学很可贵的理论自觉和理论努力。但是，后来我们的美学很快又回到“全盘西化”，唯西方理论马首是瞻。其实，毛泽东很早就批判过这种思想，就是他说的“言必称希腊”。你去看一下毛泽东的著作，毛泽东很早就批判过的东西现在比比皆是。所以你说到中国马克思主义美学的理论范式，我认为就是毛泽东的《讲话》所奠定的审美意识形态的理论范式，四川大学冯宪光教授称为“人民美学”。这个范式在我的论文《中国马克思主义美学的基本问题与理论模式》中也讲到了。

谈到中国马克思主义美学研究在世界范围内处于一个什么位置，我的看法是路真的还很长。现在很多人着急地提“学派”，我觉得我们现在离成学派还真的好远，我们很多研究只解释现实但难以表征未来，马克思主义理论为什么能改造现实？它是和未来联系在一起的。我觉得这是马克思主义理论的一个很大的魅力，中国马克思主义美学能不能在理论研究中发现代表未来的因素很重要。

段吉方：我认为这个问题很迫切。我也发现，我们现在的理论研究很多是没有投向现实的，包括马克思主义美学在内，理论研究最终要给人以期望。

王杰：是的，就是你说的理论要给人以期望。为什么别林斯基的理论那时候被人们称作“黑暗中的一盏明灯”？就是因为他通过文学批评让人看到这个社会是有希望的。英国“伯明翰学派”也是通过对大众文化、青年文化、街头文化的研究，让人感到这个社会是有希望的。我觉得中国马克思主义美学就是应该通过对很多现实、现象的研究，找到和未来连接的东西。马克思讲未来，讲共产主义社会的理想，消灭私有，按需分配，那只是原则性的理论，这中间有很多连接点，这些点怎么连接起来就是我们的任务和责任了。中国现代化的路径跟美国、欧洲肯定是不一样的，毛泽东就是开出了一个中国路径嘛，一个中国道路，就是《讲话》中所体现的把马克思主义理论与中国现实相结合。我们现在基本理论的研究还不够，很多是用理论的模式来套，再不就是“摸着石头过河”的经验主义。在这中间有一个很大的理论空间，也就是阿尔都塞说的，一头是经验主义的线头，一头是理论主义的线头，两个线头都是断的。现在我们能否找到连接这两个线头的东西，这是中国马克思主义美学研究的责任。如果我们找到了，就在世界范围内的马克思主义美学研究中确立了我们的位置。现在搞经济学的，搞管理学的，都在探索中国的道路，他们是“摸着石头过河”的经验主义模式，搞文学的，搞美学的，是“理论主义”的模式。马克思把这两个线头交给我们了，但是他没有把这两个线头的中间环节全部都建立起来，真正的马克思主义者就是要把这两个线头联系起来。但是我们现在是两张皮啊，毛泽东就批判过这“两张皮现象”。反对教条主义，反对本本主义，反对经验主义，是毛泽东工作中最基本的理论内容，我觉得这也是中国马克思主义美学研究最大的难题。

段吉方：是的，我们都注意到了这个问题。我这两年主要关注 20 世纪以来的英国马克思主义美学，英国马克思主义美学就不是这样的。我知道，您是这方面的专家，曾经在英国曼彻斯特大学访问和工作过，我想请您结合英国马克思主义美学研究，再谈谈中国马克思主义美学的发展问题。

王杰：确实，英国马克思主义美学在这方面对我们有很大的启发，这也是我去英国以后给我感触最深的地方。英国的雷蒙·威廉斯、特里·伊格尔顿、E. P. 汤普森这些世界一流的顶尖学者，他们都和社会现实，都和工人运动有着一种密切的就像鱼和水一样的关系。我在英国参观了马克思当年跟恩格斯讨论《共产党宣言》写作的地方。那是很小的一个图书馆的阅览室，离它不远就是恩格斯当年经常接触的工厂。马克思和恩格斯结下友谊，最重要的就是马克思看了恩格斯所写的《英国工人阶级状况》。恩格斯作为一个资本家的儿子，应该说是最早接触19世纪英国产业工人的学者，他对英国工人阶级状况有一种完全融入式的同情和理解，不是那种观察式的，也不像人类学那种完全是站在客观立场上的考察，后来E.P.汤普森写《英国工人阶级的形成》其实也是按着恩格斯的路子。所以，我觉得英国马克思主义美学最重要的理论品格就是贴近现实。现在我们多数还是传统的马克思主义者，在书斋中看一些马克思主义的经典著作，然后就写文章了。像雷蒙·威廉斯、理查德·霍加特、斯图亚特·霍尔，还有我们熟悉的"伯明翰学派"，以及像托尼·本尼特、贾斯汀等"伯明翰学派"的传人，他们的研究是建立在实证调查基础上的，他们认为社会发展的积极因素不是简单地从理论中推出来的，而应该在实证调查中寻找社会发展的动因。当年恩格斯也是在曼彻斯特那些工人运动中才发现社会发展的积极因素的，也是做了很多实证调查才获得大量的第一手资料的。英国马克思主义美学为什么能成"学派"？就是因为这一批人不但能够提出理论，而且能够解决社会的现实问题。在当时的社会条件下，雷蒙·威廉斯、理查德·霍加特、斯图亚特·霍尔等这一批人都是从事工人阶级教育的，他们从事的事业跟工人阶级的生活方式和经验接上了，也就是把经验的线头和理论的线头接上了，这也就是托尼·本尼特所说的学术研究不仅仅是文字表达，它有一种机制。我觉得中国马克思主义美学研究在这方面做得还不够，特别是80年代以后的学者们。80年代以前的学者们还是有现实的思考的，鲁迅的那个时代，胡风的那个时代，周扬的那个时代，马克思主义美学都是和现实结合的，也是和社会思潮、现实运动结合的，80年代以后的学者都远离了政治和现实，马克思主义美学研究成了空谈理论。所以，相比之下，我觉得中国的马克思主义美学者蜕化得很厉害。我在英国还参加了英国马克思主义的节日，当时正值"五月风暴"三十周年，有很多学者参与，举办了一系列的活动，包括很多小型研讨会。我很吃惊，他们的教授参加研讨会是不拿一分钱的，活动结束后他们还组织募捐，不是哪个组织搞的什么募捐，而是为非洲难民、儿童募捐，是自愿的。这就让我想到，我们马克思主义美学研究就是要把马克思主义前辈学者的那一种骨气和精神境界继承下来。搞马克思主义研究要获得人们的尊重，就是要言行一致，搞马克思主义但不同情弱者，不同情受欺压的人，什么事情都斤斤计较，而写文章又说自己是马克思主义者，人家根本不信服你。或者，我们只是研究学理上的马克思主义，只是在一些学术的问题上打圈圈，而不关心现实和文化，那以后跟随我们做马克思主义美学的人就会越来越少。

段吉方：在当代世界范围内的思想文化语境中，马克思主义美学研究的格局更加复杂，走向也更加曲折，国外有各种理论思潮，对马克思主义美学产生了很复杂的影响，您能否谈一下中国马克思主义美学的研究前景及当代走向？

王杰：的确，马克思主义美学研究越来越复杂，但我觉得中国马克思主义美学还是有值得期待的希望。一个希望就是中国自己的东西还是要认真反思清理。另一个希望就是中国马克思主义美学研究还是要和国外理论资源相结合。前者做得不够，后者做得好些，但方向性的东西还要调整。刚刚说了，在80年代，只是买到国外的一两本书就很幸福，现在我们很多学者可以很方便地跟特里·伊格尔顿交流，跟托尼·本尼特交流，很多人是杰姆逊的学生，这些学者的成长可能使中国马克思主义美学开始进入一个很好的学理环境中，这说明中国马克思主义美学开始跟国外对话了。第三个希望就是随着一批青年学者的成长，中国马克思主义美学开始有新的机遇了。现在全球化发展趋势是不可回避的，在全球化趋势下，我们把西方的理论引进来，把西方最先进的学术方法引进来，这已经没有问题了，但能不能回应时代，能不能有创造性的发展，我们还要做很多工作。在《审美幻象研究》中，我曾经提出走向建设性的马克思主义美学，我现在仍然认为这是中国马克思主义美学研究的发展方向，我们新一代的马克思主义者在这方面应该更加努力。

段吉方：最后，您是《马克思主义美学研究》的主编，我也是这个刊物的老作者了，看得出，您花了很大的精力，现在这个刊物在学界的影响越来越大了，我想请您谈谈《马克思主义美学研究》的情况，下一步您有何打算？

王杰：说到这个刊物，我还是蛮多感慨的。《马克思主义美学研究》是在1995年开始酝酿的。1995年我们请刘纲纪教授去广西师范大学讲学，我在1982年跟刘老师分手后，那一年才见面。我给他出了两个题目，一个是关于中国美学的，他讲了中国美学的六大思潮；还有一个就是建立马克思主义美学的现代形态。当时学界对这个问题的讨论很热烈，董学文、叶朗等都写了文章。在讲课的过程中，刘纲纪老师就提出创办这个刊物，恰好广西师范大学出版社也找他约稿，我们就开始筹划。所以是1995年动议，1996年就编出来了，1997年年初出版。你去看看第一卷的发刊词，当时我们是想办一个多语种的、面向世界的马克思主义美学研究的刊物，这也是刘纲纪教授的定位，它是在世界范围内唯一以“马克思主义美学研究”命名的刊物。当时另一个办刊理念就是想把美学和现实的文学批评和艺术批评结合起来，这也是一直以来我们努力去体现的。后来得到学术界的支持，但你知道，也很困难。在这方面我要特别说说林宝全教授。《马克思主义美学研究》的最初几年比较艰难，当时中国的马克思主义美学研究处于低谷，各方面都不容易，由于得不到应有的支持，林宝全教授和当时的系主任还发生了争执。刘纲纪老师作为主编主要抓大事，但在创刊最艰难的前几年，林宝全老师做了大量的工作。在当时，他那个年龄，他那个资历，完全是出于对马克思主义美学的热忱，也是出于对我的支持，付出了大量的辛苦劳动。当时我很忙，去邮局寄稿费、寄书，跟作者联系等这样一些很琐碎的事都是林老师做的。如果没有林老师，那刊物可能中间就中断了，可见它的艰难。在广西师大等于是《马克思主义美学研究》的第一阶段，到南京大学是第二个阶段，到上海交大则是第三个阶段。在南大的阶段也很重要，刊物进入了CSSCI辑刊和中国期刊网，而且办成了半年刊。还有就是在南大，这个刊物开始了真正的国际化的历程，我们建立了编委会，包括国外的编委，也比较规范地出版了。所以，等于说前十年我们把马克思主义美学研究的一些重要的学者都团结起来了。现在，《马克思主义美学研究》进一步加大了国际化进程，我们现在正在筹办《马克思主义美学研究》的英文版，估计 2012 年出版。我们现在有数据，学界的引用率很高，购买我们数据终端的大学和研究机构也很多。出乎我意料的是，除了大学和研究机构还有好多公司都在用我们的刊物，这说明我们还是赢得了一些社会团体的认同，所以我们有实力在出版英文版后争取进入国际重要文献检索。如果明年能顺利出版英文版，我们刊物的重要性和地位又上一个台阶。

《马克思主义美学研究》明年正好创刊 15 周年，我们计划开一个编委会，把国内外著名的马克思主义美学家请到一起，共同探讨马克思主义美学的重大问题。再有，借着编《马克思主义美学研究》，我还想做些实质性的研究工作。刚说了，去英国访问研究以后，我感觉中国马克思主义美学还是对现实关怀不够，现在我们所有搞马克思主义美学的人都知道要回到现实研究问题，但真正呼应现实的研究成果还是很少的。《马克思主义美学研究》很多内容是来自现实的，我们做了很多访谈，也有一些成果是以一定的调查为基础的，也有很多的实证研究。实证研究有两种，一种是客观的实证，还有一种是参与式的，我现在主张搞参与式的实证研究。在参与中了解社会，这才是我说的中国马克思主义美学研究的建设性的方向。我那天跟贾斯汀教授访谈，他就谈到，现在做学术研究，如果不做一定的实证，不做一定量的学术访谈，人家是不会看的，会认为你的研究是没有价值的。所以，我计划下一步的工作是先做一些知名学者的访谈，看看到时候我们能不能一起做？我打算找 30 位在国外学界有一定影响的学者，另外再找 30 位在中国学界有一定影响的学者，认真地做些访谈，做些实证研究，做一些研究资料的收集和整理工作，真正把那种参与式的中国马克思主义美学研究认真做起来。

段吉方：好的，这个想法很好。值得期待！

（原载《社会科学家》2011 年第 3 期）

马克思主义文论研究的问题意识、价值取向与当代发展
——党圣元研究员访谈

段吉方：党老师，您好！今天我们讨论的话题是马克思主义文论研究的问题意识、价值取向与当代发展，这是一个宏观的话题，但也是学界比较关注的问题。您从 20 世纪 80 年代就开始从事文学理论、中国古代文论以及马克思主义文论研究，从 80 年代到今天，这个过程是中国当代文学理论发展的重要历史时期，能首先谈谈您的学术历程或学术感想吗？

党圣元：20 世纪 80 年代以来，我一直从事中国古代文学理论批评、文艺理论、马克思主义文论等领域的研究工作。进入 21 世纪以后，在消费社会转型、电子媒介扩张，以及全球化等合力交织的语境中，我多次将研究目光投向中国当代文论转型与重建以及马克思主义文论的中国化、当代形态化等方面。现在回头来看，无论是我先前对“中国古代文论现代阐释”的关注和对“古代文论当代性意义”的阐发，还是近年来对“马克思主义文论中国化、当代形态化”的探讨，最终落脚点均在对建构中国当代文论话语和价值体系的探索与尝试。事实上，传统文论资源价值意义的再发现和马克思主义文论中国化、当代形态化这两个问题，也正是 21 世纪中国文论发展所面对的两个关键性问题。在我看来，这两个问题是可以也应该结合在一起，是可以作为一个统一的思想过程来思考和付诸理论话语实践的。这是因为，如果没有建立在充分民族文化自觉、自信基础上的民族文化和美学自觉与自信，当代中国文论、当代中国马克思主义文论就会失去发展的文化内驱力和价值创生力，所谓马克思主义文论的中国化和当代形态化也就无法落到实处。

中国当代文论话语和价值体系的建构，离不开对传统文论、西方文论和马克思主义文论等理论资源的汲取。为此，我们应站在世界思想史、文论史的高度，着眼于 21 世纪中国文论的现实问题，体认文化多样性对于文论知识和思想创新的重要学术生态意义，认同古老的“相反相成”“和而不同”的文化、哲学理念，从杂多中求统一，从冲突中求会通，致力于

中国传统文论的现代转化、西方文论的本土化与马克思主义文论的中国化、当代形态化，通过对中国传统文论的现代诠释，会通古今中西，以求达到综合与创造、继承与创新的辩证统一。

段吉方：中国马克思主义文论已经经过了一个多世纪的发展，在当代文化语境下，马克思主义文论与其他文论资源一样同样处于一种多元化的文化生态和理论格局之中，关于马克思主义文论的讨论也更加热烈，您怎么看待中国当下马克思主义文论研究的现状？

党圣元：总体来说，改革开放特别是21世纪以来，我国的马克思主义文论经受住了种种考验。目前，我国的马克思主义文论研究呈现出全面深入的发展态势，不仅逐步形成了一支稳定的马克思主义文论研究者和高校教师队伍，而且在理论和实践中也取得了一大批令人振奋的探索成果，表现出了同其他国家马克思主义文论不同的特点，推动了马克思主义文论的中国化与当代形态化。同时，我们也要看到，我国的马克思主义文论在研究和教学中尚存在着不少问题，主要表现为：在学术研究方面，马克思主义文论研究尚缺乏明确的问题意识，相关研究长期封闭于理论话语圈子里，许多研究者陶醉于建构“精致”化的学术话语，致使当前的马克思主义文论研究对中国当代文学和文化现实问题关注不够，马克思主义文论本应具有的“实践”品格严重缺失；在高校教学方面，当前高校中的马克思主义文论课程，在教材编排、教学理念、教学内容以及教学形式方面，都显得颇为陈旧和落后，学生不愿学、老师不愿教马列文论课的现象比较普遍，有的高校将之作为选修课，有的学校甚至取消了这门课程。这些现象应当引起我们的高度重视。所以说，对于中国当下马克思主义文论研究现状，我们要从两个方面来看，既要看到我国马克思主义文论研究在改革开放三十多年来取得的巨大成绩，也要看到在研究过程和高校教学实践中尚且存在的问题和不足，这样，我们在马克思主义文论研究与教学中才能不会因有所成绩而沾沾自喜和骄傲自大，也不会因依旧存在问题而畏缩不前和故步自封。

段吉方：在很长的时期内，中国马克思主义文论研究都强调对马克思主义经典作家理论原典的阐释，但是我们发现，这个阐释的过程其实也是不断发展的，特别是随着时代和历史的发展，在新的历史现实和时代语境下，马克思以及马克思主义经典作家的理论和思想都面临着一个时代语境变换的问题，也就是马克思主义文艺理论与现实的关系问题，您怎么看待这个问题？

党圣元：的确如此。在很长一段时期内，我国的马克思主义文论研究都强调对马克思主义原典著作的阐释。事实上，对马克思主义经典文本的解读与阐释，直到今天也并不过时。当前，我们依然强调要“回到马克思”，这是我们开展马克思主义文论研究的基本前提。所谓“回到马克思”，一个重要的方面就是回归马克思主义经典文本，其中首先要做的就是研读马克思、恩格斯等经典作家的著作，做好扎实的文本研究工作。当然，必须强调的是，“回到马克思”并不单单是回到书本，也不是简单地回到过去，而应该是古今融合，是带着今天的问题、以今天的立场同经典对话，在理解马克思主义历史的基础上认识马克思主义的当代价值。这自然就引出了马克思主义文论与现实之间的关系问题。

我们知道，实践性和批判性是马克思主义的两个基本品格，也正是马克思主义同现实交会的地方。就批判性而言，对资本主义制度和现实的异化予以批判是马克思主义产生的现实依据；就实践性而言，马克思主义要求哲学不仅要解释世界，更要改变世界。可以说，只要资本主义存在，只要人类社会还有阶级存在，只要还存在着不平等的社会文化现象，马克思主义就始终具有现实性，这是当代西方各种理论，特别是批判理论将马克思主义援引为思想支撑的原因，也是当代中国马克思主义文论建设的思想依据。

反思中国当前的马克思主义文论研究，马克思主义文论与中国文学、文化现实之间的距离渐行渐远，其现实性、针对性不断弱化，针对文学、文化现实的分析阐释能力和话语建构能力在逐渐下降，本应具有经世致用实践品格的中国化马克思主义文论，却日渐演变成远离当代社会现实的“玄学”。如何重塑马克思主义文论的实践品格和批判品格，恢复马克思主义文论在文学与文化现实中的引领作用和影响力，成为当前马克思主义文论研究中必须面对和亟待解决的重要问题。其中，一个重要的思考向度就是着力拓展马克思主义文论研究的文化维度，这应成为关联马克思主义文论与现实之间关系并推动马克思主义文论中国化和当代形态化的一个努力方向。这是因为：第一，重视从文化的维度分析、评判文学现象，是马克思主义经典理论的特色之一，自然应当成为我们今天坚持和发展马克思主义文论的应有之义。第二，拓展马克思主义文论研究的文化维度，进一步增强文论主流话语在价值阐释和批判层面的现实有效性，是当下社会语境的必然诉求。随着经济全球化、文化多元化的深度推进，对于人生意义的追求，人的存在状态的人文关怀，以及社会、生态、生活环境的美化将成为文化建设的主要方面。可以说，马克思主义文论的文化转向，正是当下语境的必然要求，它不仅要关注现代人的生存，而且要保持对现实的文化、伦理层面的批判，同时还要对新的文艺、文化现象进行批判性审视。

我们知道，文学理论需要不断建构，因为文学与生活关系密切，生活的变化推动着人们对于生活的思考，文学的变化推动着理论创新。当前中国的文论研究，需要面对生态环境、电子媒介、艺术化生存、消费主义、全球化等对本土文化、传统经典文学的巨大冲击。具体到马克思主义文论，如何根据现实思想文化语境调整话语系统，不断拓展其阐释维度，成为时代向我们提出的具有战略性意义的理论命题。对此，我认为，马克思主义文论研究至少应当在以下五个方面有所作为：第一，要敢于面对现实问题，因为理论只有面对现实才能提出并解决问题；第二，要善于从传统文化中挖掘可资利用的优秀资源；第三，要回到马克思，对马克思主义经典文本予以重新阐释；第四，要大力借鉴和吸收西方马克思主义的理论成果和方法论；第五，要加强理论创新意识，根据本土经验和文化现实提出新的理论命题。

段吉方：20 世纪 90 年代以来，世界文学理论的大发展、多种理论资源融合的压力与焦虑、不同理论话语趋同与求异的危机给世界范围内的马克思主义文学理论建设提出了挑战，您认为中国马克思主义文学理论研究在这个背景下面临着哪些挑战？当代中国马克思主义文论研究的问题意识主要体现在哪里？应当如何增强它的问题意识？

党圣元：在社会文化语境发生整体性变化、文艺理论批评本身观念及话语方式新变的当下，传统马克思主义文论研究在观念和方法两个层面受到了严峻挑战。因而，如何参照现实发展所需，通过思想资源和话语资源两方面的重构，促进马克思主义文论的学术创新和话语转型，以便更加有效地把握现实，进而有效增进马克思主义文论对于整个文艺理论批评学科发展的引领作用的问题，便被凸显出来。需要说明的是，“问题”是学术研究的真正起点，只有凸显问题意识，以问题为中心开展学术研究，才能推动学术进步。强调马克思主义文论研究的问题意识，与对理论联系实际、现实关怀和当代意识的强调是一致的。马克思主义文论研究的问题意识，不是指马克思主义文论中的疑难问题，而是面对当代中国的文艺发展状况和文化思潮进行提问的意识，是对当代中国的文化、文艺现象和发展经验进行批评实践时应该具有的分析和理论提炼的能力。针对近年来马克思主义文论研究中存在的问题和面临的挑战，我认为，以下问题应该成为我们的问题意识和提问方式：

第一，学科间性问题。如何有效地打破马克思主义文论研究中的学科封闭现象，克服因过于强调学科制度化、专业化所导致的学科闭守弊端，是推进和深化马克思主义文论研究所面临的首要问题。就马克思主义文论而言，要克服学科封闭弊端，走向学科间性，需特别注意以下两点：一是要使其他相关学科所创造的资源、所奠定的基础、所开拓的视域，成为当前中国马克思主义文论研究的学科资源；二是要将其他学科的研究方法、研究思路和研究成果引入马克思主义文论研究中来，使之成为该学科研究的突破口与润滑剂。

第二，系统整合问题。以往的马克思主义文论研究中均不同程度地存在着因过于固守学科或专业藩篱而导致的单向度割裂现象。所谓的单向度割裂，是指仅根据传统文艺学自身的知识和话语需要，对作为整体的马克思主义经典文本进行切割式、过滤性的选取。这不仅表现为马克思主义文论本身的单向度割裂（如内容之间、立场与方法之间、理论功能与政治功能之间），也表现为现代学术史上几大文论成果——古代文论、马列文论、西方文论、中国现代文论之间的各自为政和分割而治。要克服马列文论研究中的单向度割裂问题，需在强化科学性与完整性意识方面下功夫，需进行具有宏阔的历史眼光和深度学理性的历史反思和分析阐述，以及体系性、谱系化的整合。

第三，问题意识重塑问题。马克思主义本是社会实践和现实斗争的产物，然而，由于过分偏向于学科优先，使得近二十年来的马列经典文论研究几乎完全局限于自己的小天地中，不仅逐渐脱离了中国的文学文化现实，而且其本应具有的批判性精神和实践品格也渐趋消失。对此，一个可取的方式是：从学科划分优先走向问题意识优先。具体来说，就是要使马克思主义文论介入当代文学思想和文学思潮的话语实践之中，介入当代文化产业、文化产品的生产、流通、消费，以及图像阅读、日常生活审美化等文化现象之中，推动马克思主义文论研究从形而上诉求转向现实优先的形而下关切，从思想游戏转向实践精神，从概念拼图转向问题意识，从理论世界转向生活世界，从学科建构走向问题意识重塑。

第四，阐释学对话问题。对于马克思主义文论研究，特别是马克思主义文论的中国化和当代形态化这一具有导向意义的重要论域，学界的讨论迄今仍停留在学术史梳理和原则性构造上，缺乏具体的批评实践和哲学美学方面的开拓。由此，如何从过去一味地框定文本原意的解经式研究方式，走向所谓的文本与研究者之间的解释学对话，成为马克思主义文论研究中一个值得认真思考的问题。我们认为，要实现这一解释学对话，一个关键的途径就是使马克思主义经典文本与当下文学文化语境进行对话，以经典的思想和方法去解决文学、文化中的现实问题，进而提出符合时代要求的马克思主义哲学和美学命题。

第五，本土视域与世界视域并重问题。在以往的马克思主义文论研究中，也存在着固守本土内在视域而缺乏共时比较视域的倾向。有鉴于此，我们在强调本土视域不可或缺的同时，也应当认识到世界视域的至关重要。也就是说，既要以历时性的方式探寻马克思主义文论中国化的时代背景、历史进程、理论前提和内在机理，也要以共时性的方式去探究马克思主义文论中国化与马克思主义文论苏俄化、西方化之间的根本差异和共同规律。只有坚持历时聚焦与共时比较并重的研究理路，我们才能更加深刻地认识马克思主义文论中国化的路径、机制和特质，才能在此基础上形成马克思主义文论“中国式提问”的基本原则和问题域。

段吉方：我们再谈谈中国马克思主义文论的理论范式问题。理论范式研究的问题在现在仍然有一定的争论，这个问题仍然是当前中国马克思主义文艺理论研究与发展中的难题，在当代文化发展格局中，中国马克思主义文学理论如何在体系建设以及理论范式的完善上有所作为，特别是在凝练自己的理论范式上取得重要的理论突破？对这个问题您怎么看？

党圣元：我认为，我国的马克思主义文学理论要想在体系建设以及理论范式的完善上有所作为，特别是要想在炼制自己的理论范式上取得理论突破，关键之处就在于要参照现实发展所需，通过对思想和话语两种资源的重构，促进马克思主义文论研究的学术创新和话语转型，实现马克思主义文论的中国当代形态化。马克思主义文论的中国当代形态化，应该是以马克思主义为根本指导、体现着充分的创新意识、承载了中华优秀传统文化、与世界先进思想文化相通声气的一种全新的思想文化形态。当前，这一新的思想文化形态已经起步，其最终的成败与否，寄希望于马克思主义文论中国化、马克思主义经典文学观念与传统文论精华，尤其是儒家文学思想精华之会通方面。对此，我们应该着重思考如下几个方面的问题：第一，大胆吸收中国哲学智慧和传统文化精华。中国改革开放和现代化建设的伟大实践除了有马克思主义的指导外，也有中国哲学和传统文化的大智慧的支持和运用，二者的成功结合构成了中国特色社会主义的实践逻辑，不理解这一点就无法完整准确地理解中国的成功经验。因此，实现马克思主义文论的中国当代形态化，就要大胆吸收中国哲学智慧和传统文化精华，体现出中国作风和中国气派，更为重要的是，要始终突出实践逻辑，运用中国哲学和文化智慧来解决实践提出的中国问题。第二，将当下中国社会思想、文化、文艺实践过程中的“中国经验”进行马克思主义哲学化。“中国经验”的提法，本身即意味着在实际上尚处于探索发展过程中，还没有上升到理论层面和哲学高度，在理论和实践两个方面尚具有不确定性。因此，自觉地将思想、文艺、文化领域的“中国经验”进行哲学层面的提炼和升华，应当成为马克思主义文论中国当代形态化过程中提问方式转型的一项基本原则。第三，中国与世界互为方法。中国与世界互为方法的现实发展趋势为马克思主义哲学、文论研究的提问方式创新奠定了现实基础，一方面，中国经验受到西方世界的普遍关注，这使得以中国为方法看世界成为可能；另一方面，中国作为发展中国家又是以世界为方法的，这就要求我们将中国问题放在世界发展的历史背景下进行思考，以开放、平等的姿态进行学习和借鉴。具体到马克思主义文论研究方面，就是要在反思、批判之前提下，充分理解、尊重、借鉴西方马克思主义、后马克思主义，以及文化马克思主义的思想和方法，实现当代中国文论的综合创新。我们相信，通过合理吸收中国哲学智慧和传统文化精华，融会当下中国社会思想、文化、文艺实践过程中的“中国经验”，充分借鉴西方马克思主义的理论和方法资源，我们完全可以期待一个体现着中国特色、融会了当代中国经验的马克思主义文论范式。

段吉方：在最近几次马列文论研究的会议上，关于西方马克思主义文论话语的讨论不断增多，您怎么看待西方马克思主义对中国马克思主义文论建设及其文学发展的影响?

党圣元：西方马克思主义源于“一战”之后以葛兰西、卢卡奇为代表的马克思主义者对欧洲无产阶级革命失败经验的文化反思，其发展形态在德国主要指法兰克福学派，在英国大体是伯明翰文化研究学派，在当今美国则以多元文化主义著称。西方马克思主义主要关注西方社会里的性别、种族、文化身份等问题，与经典马克思主义的不同之处在于，它翻转了经典马克思主义的“经济基础—上层建筑”模式，将作为上层建筑之重要组成部分的“文化”视作独立而重要的变量。可以说，西方马克思主义在文化研究方面作出了重要的先行性贡献，以文化批判的方式彰显了马克思主义的当代价值，这对处于全球化语境中的中国当代马克思主义文论研究以及当前文化研究与文化产业发展中存在的问题具有重要的启发意义。

第一，西方马克思主义把文化视为社会结构整体中的一部分，特别重视环境因素对于文学和文化产品的作用和影响，这有助于我们解答当前中国文论和马克思主义文论研究中遇到的一些理论难题。20 世纪 90 年代以来，我国学术界兴起了一股“文化研究”的热潮，这固然与西方马克思主义特别是英国文化研究的大量引入有关，但说到底还是中国本土语境的产物，是对当代中国现实问题的回应。面对社会文化转型中出现的诸多问题，“触角”灵敏的文学转向关注社会现实问题，文学研究采取文化、政治或者说社会视角也就显得理所当然。西方马克思主义重视文化的作用，强调环境因素对文学的影响，这启发我们，文学研究不是不能注入社会、文化、环境等因子，在文学研究中强调文化、环境因素也不是一定就会导致庸俗社会学，文学研究也可以接过文学作品中触及的许多现实问题，像文学创作那样直接与“社会”说话。

第二，西方马克思主义研究议题的丰富性和广泛性，对于思考当代中国马克思主义文化理论和文化研究的范围、界限和结构问题具有启发意义。纵观西方马克思主义的整个发展历程，在经历了法兰克福学派的批判理论、伯明翰学派的范式转型以及多元文化主义的整合与嬗变之后，他们探讨过的议题极为广泛，涉及青年亚文化、阶级、种族、性别、身体、话语、权力、大众传媒等各个方面。如此广泛的议题，为我们审视当下中国的文化研究提供了一个参照系。我们认为，对于中国当代的文化研究，我们没必要继续在“文化研究”的定义和特征上纠缠不清，对于西方马克思主义涉及的话题，只要能够结合到当代中国语境之中，就都可以研究。只要我们不是照抄照搬，而是注重当下语境，我们在媒介文化、种族与性别文化、日常生活、视觉图像等领域，就都能开辟出一片全新的天地。

第三，西方马克思主义重视“自下而上的历史”，重视大众群体的社会经验，这对于更加深入全面地理解中国当代的大众文化现象具有参考价值。与法兰克福学派相比，在大众文化理论上，英国文化研究有诸多创新之处。他们颠覆了把大众视为无辨识力的、被操控的“文化愚人”的精英主义立场，突出强调普通大众的主动性和创造性。不仅如此，他们还注意到了大众自下而上地对宰制性力量的抵抗和颠覆，重估了大众文化政治的进步性潜能。这启发我们，在讨论当下中国的大众文化现象时，不仅要讨论跨国型资本以及混合型资本所代表的宰制性力量出于自身利益自上而下地对大众的整合和操控，也要讨论普通民众自下而上的抵抗、拒绝和颠覆力量，讨论从属者如何有识别力地移用文化工业提供的资源去创造自己的意义、价值、快感和身份认同。

第四，西方马克思主义特别重视文化在社会结构中的作用，这启发我们要更加重视“文化”这一“软实力”对于增强民族凝聚力和创造力、提升综合国力竞争、促进经济社会发展方面的重要意义。近年来，随着中央把增强“文化软实力”提升至国家战略层面，“文化”在多个领域受到重视，文化产业取得前所未有的发展。然而，一些地方和部门对“文化”的理解不准确，对文化产业缺乏细致的调研和理性分析，很多所谓的文化产品缺乏精神和意义方面的“魂”和“根”，趋同化、空洞化、形式化、反智化现象突出。什么是“真正的”文化，文化在社会结构中究竟应处于什么样的位置、扮演何种角色、发挥怎样的作用，这是需要我们进一步深入思考的问题。西方马克思主义过去几十年来的探讨，为我们的思考提供了一定的理论借鉴，对于我们考察文化问题及文化产业的发展问题具有反思作用和启发意义。

当然，我们同样应当看到，西方马克思主义也存在着很大的缺陷。比如，法兰克福学派仅仅注意到了中心化的、霸权式的一体化力量，却忽视了大众在规避、抵抗资本主义文化工业操控方面的努力；若非英国伯明翰学派对法兰克福学派精英主义倾向的纠正，我们可能至今仍难以注意到大众在接受、消费和使用大众文化产品过程中的主动性以及大众文化积极的政治意义。伯明翰学派的局限性也非常显著：他们过分强调文化的改造而忽视了社会制度的变革；他们对民众的反抗能力过于自信，却忽视了现实中民众的真正素质和资本主义制度威力的强大；他们过于强调跨学科研究，却一定程度上忽视了学科分类的合理性。这是我们今天在马克思主义文化批评和文学研究中需要特别注意的地方。我们的马克思主义文论研究在借鉴当代西方马克思主义的思想、观点、方法和经验的同时，要注意规避它们在发展过程中遭遇的问题和教训。

段吉方：您是全国马列文论研究会的会长，学会在改革开放以来的中国马克思主义文艺理论研究发展与建设中发挥了重要的作用，2014 年已经召开了第 31 届年会，我想请您谈谈全国马列文论研究会的情况，研究会下一步有何打算和计划？

党圣元：全国马列文论研究会的情况是这样的。1978 年 12 月，中国社会科学院外国文学研究所和华中师范学院在武汉联合召开了全国首届马列文论学术研讨会。会上，为联合全国高校、科研、文教、出版等机构中从事马列文论教学、研究的人员共同学习、探讨和宣传马克思主义文艺理论，促进全国马列文论的教学和研究，由中国社会科学院、华中师范学院和中国人民大学联合发起成立了“全国马列文艺论著研究会”，这成为“全国马列文论研究会”的前身。1980 年 4 月，由华中师范学院牵头，在武汉召开了全国马列文论研究会第一次理事会，会议将“学习、研究和宣传马克思主义美学、文艺学，促进马列文论将教学和研究，繁荣社会主义文艺”作为研究会的宗旨和任务，会议选举周扬同志为顾问，成仿吾同志为名誉会长，吴介民同志为会长，以及理事 28 人，并决定主办会刊《马列文论研究》，由何洛同志担任主编。作为十一届三中全会之后最早成立的一个全国性学术研究团体，全国马列文论研究会从成立到现在，总共召开了三十一届年会，研究会通过举办年会、论坛、专题研讨会，出版会议论文集、专题论著等，活跃、推动、深化了国内的马克思主义文论和文艺理论批评研究，对国内的马克思主义文论和文艺理论批评发挥了很好的学术导向和引领作用。

全国马列文论研究会从成立至今，始终坚定不移地贯彻研究会章程中所制定的宗旨和任务，组织、团结全体会员，收集、整理、学习、研究、宣传马列文艺论著及其思想精义；深入探讨、阐释、建构马克思主义文艺思想的博大体系和深邃义理；紧密联系现实、历史，关注和回应现实社会中思想文化建设以及文艺创作与理论批评面临的任务和问题；推动和深化马克思主义文论研究的学科建设；促进马克思主义文论中国形态化、当代形态化的进程；探索建构马克思主义文论教学、研究的方法和体系，理论联系实际，有为而作，有力地影响了我国新时期以来的马克思主义文论研究，乃至整个文艺理论批评的发展，在新时期以来中国文艺理论批评发展的历史进程中留下了深深的足印，为新时期以来我国文艺理论批评增添了许多亮色，为繁荣社会主义文艺事业贡献了力量。

全国马列文论研究会走过的 36 年的历程表明，我们研究会所探讨的都是当时学术界和文艺理论界密切关注的、迫切需要予以解决和应对的重要理论问题，在对许多问题的讨论上，我们都走在了全国学术界和文艺理论界的前面，有着开风气之先的意义。这显示了我们研究会敢于面对重大理论难题的胆识、敏锐的学术眼光，以及理论联系实际的优良学风。

对于研究会下一步的打算和计划，我是这么想的。第一，要始终坚持马克思主义的主导地位，继续认真学习研究马克思列宁主义、毛泽东思想和有中国特色的社会主义理论体系，深入学习习近平总书记文艺座谈会讲话的精神实质，进一步推进马克思主义文艺理论的中国化和当代形态化。实践一再证明，马克思主义只有与本国革命和建设实际相结合，才能焕发出蓬勃生机；马克思主义文艺思想只有与中国文学艺术实践和文化现实相联系，才能有效地指导、应对和解释当代中国文艺、文化界出现的新情况、新问题——比如，全球化语境下的文学身份问题，新媒介、新技术对于阅读和批评的影响问题，消费社会语境下文学与资本、文学与商品之间的关系问题等。可以说，密切关注当代中国语境中的文学和文化现实，有目的地运用马克思主义文论的原则和方法予以科学回答和创造性阐释，继续推进马克思主义文论的中国化和当代形态化，是我们研究会下一步的重点工作。第二，要正确对待西方文化艺术思潮和西方文论的影响和冲击，既要以开放的胸怀大力吸收对我们有益的成分，又要以批判的眼光分析或剔除那些非马克思主义或反马克思主义思想观点的谬误，坚持在斗争中丰富和发展马克思主义文艺理论。第三，要加强马克思主义文论研究队伍的建设。当前，我国马克思主义文论的研究者以20世纪60年代之前出生的学者居多，研究队伍呈现出青黄不接、后继乏人的严峻状况，为此，下一步，我们要积极发展年轻会员，增加研究会的青春活力，永葆我们马克思主义文艺理论研究的蓬勃朝气。第四，要进一步提高我们研究会的学术水平，扩大我们的学术影响，逐渐开展国际之间的学术交流，提升我国马克思主义文艺理论同国际文论界特别是西方马克思主义文论界对话与交流的能力，使我们的研究会逐渐走出国门，走向世界，这也是我们研究会下一步的工作重点和努力的方向。第五，充分调动全体会员的积极性，办好《全国马列文论研究会学术年刊》和《全国马列文论研究会通讯》，为广大会员提供很好地进行学术对话和交流的平台，以促进和深化当代中国的马克思主义文论研究。

当前，我国的社会主义文艺正处在一个新的历史起点之上，我们充分地感受到，我们的研究会作为研究、宣传马克思主义文艺理论的一个专业性学术团体，我们作为毕生致力于探讨、阐述、建构马克思主义文艺思想的学术个体，为活跃、拓展、深化当代中国的马克思主义文艺理论研究，为克服、消除当前文艺创作和文艺理论批评中存在的种种弊端、乱象，为使我们的文艺创作和理论批评成为社会主义核心价值观的承载者、践行者，我们正承担着时代赋予我们的一份义务和责任；同时，我们也深切地感受到，发扬传承我们研究会的优良学术风气，立足中国，面向现实，守正创新，对于我们今后工作的开展，有多么重要。

21 世纪中国的马克思主义文论研究，面临着新的机遇、新的挑战，迫切需要我们进一步加强研究会自身的建设，为研究会工作增添新的活力、开辟新的境界，让我们为迎接马克思主义文论研究的新机遇，为开辟马克思主义文论研究的新境界，齐心协力，共同努力吧！

（本文原载《湖北大学学报》2015 年第 6 期）

投向现实的审美情怀
——王杰教授的美学研究的理论、方法与问题

“面对这样一个问题，即，‘今天仍然实存着的是什么?’我们的回答是:‘一种关于危险与失落的意识，亦即一种对根本危机的意识。’”① 20世纪30年代，当德国存在主义思想家雅斯贝斯写下这样的话时，当时的人们正面临着精神道统坍塌后的危机与困境。近一个世纪的思想反思历程倏忽而过，当我们今天面对光怪陆离的现代生活，再度反刍雅斯贝斯的思想箴言之时，我们仍然有这样的迷惑：我们究竟在多大程度上能拥有那种真正意义上的“诗意地栖居”的审美理想？或许，现代人文研究的困顿正在于此。无论我们是否愿意，我们都不得不面对这样的事实，当关于未来和彼岸的追问一如既往地缺位之时，那种真正意义上的“审美化生存”渐渐成了我们心中执着的幻影。

或许，是我们太向往那种精神的高地。其实，当一代又一代的人文研究者接过关于审美与自由的精神传递火炬，他们就必须承受那些人类的终极命题内含着的压力与困惑。特别是今天，当越来越多的人习惯并热衷那种轻松搞笑休闲娱乐的生活方式，当越来越多的人欣赏并追寻那种“娱乐之死”的现代生活审美瞬间化的感受，我们忽然发现，曾经对生活的理由予以许诺的美学正在曲高和寡中面临全面低潮的尴尬，当各种热火朝天的新世纪的学术盘点从开始到落幕，我们也不得不承认，大大小小的研究泡沫已经长久地滋长在学术空间的左右搏击之中。

也正是由于此，那种面向问题实在的姿态和立场才更加显得重要。在美学与美学的研究逐渐显得苍白乏力的时代，我们得掂量，什么样的问题值得我们点灯熬油呕心沥血地上下求索？何种研究值得我们付出青春的热忱与生命的诚挚苦苦相守？而那种反向性的印证就更加让人敬仰，当生命的热忱投向学术，学术的生命融入生活，理论的生命自然青葱茂盛。能赢

① ［德］卡尔·雅斯贝斯:《时代的精神状况》，树人译，上海译文出版社1997年版，第75页。

得如此赞誉的学术前辈毋庸置疑地值得我们尊重与敬佩，在我们的凝视中，他们的启示不仅仅在于那些为人称道的学术功绩，更在于那种融入生命的学术热忱和投向现实的审美情怀。在这方面，王杰先生的美学研究正是如此。置身美学研究三十年，王杰教授一如既往地致力于现代美学的理论发展与学术建设，在马克思主义美学、审美人类学、文化研究、英国马克思主义美学等研究领域取得了很多坚实的成果，同时，在一种深刻的理论建构意识的促动下，王杰教授努力为现代美学研究的进境寻找理论拓展与体系完善的路向，无论是那些可见的成绩，还是那种诚挚的努力，都是值得我们认真考量的。

一 面向现实的提问方式：王杰的美学研究的理论、方法与问题

在中国这个学术研究大国，如何才能恰当地评价一位研究者的学术意义与贡献已经变得困难。本该清静的人文学者正在遭受种种量化指标的骚扰，原本严肃的学术研究也正在貌似公允的学术评价体系中变得急功近利脸红心跳，需要坚守的学术伦理也正在各种名利诱惑下变得扭曲，当下学术研究的大规模批量生产正走向马克斯·韦伯当年所感慨的“学术专业化”[①] 的道路。这是我们不愿看到的境地，却又是不得不面对的现实。在中国当代美学界，不乏高产的研究者，也随处可见那种具有明显的生产规划性质的学术研究，那种我们曾经深深敬仰的、在无数传为美谈的学术先贤的生命过程中所展现的学术理想与浪漫情怀，现在看来更加显得弥足珍贵。生活的热情有增无减，学术的激情却难以强求，在浮躁喧嚣的现实中，或许我们该反思：究竟什么样的研究才是真正值得尊重的，什么样的研究才能真正让人尊重。以我的了解，王杰教授并不是那种高产的学者，也不是那种生产规划性很强的人。目前而言，他的学术“业绩”——专著4部，主编教材3部，论文60余篇，这在中国当代美学界算是很常见的了。当然，这样的罗列或许说明了我本身也有一种久被量化而成的学术评

① ［德］马克斯·韦伯：《学术与政治》，冯克利译，生活·读书·新知三联书店1999年版，第23、24页。

价惯性，但我更想说的是，在当下，所谓“江湖”意义上的学术认可与美誉除了那些可供“填表”甚至可资炫耀的“学术家底”之外，恐怕更重要的还是那种力透纸背的能够真正融入现实问题与人生体验的学术精神。不错，在以往的评价中，学术研究要看成果，看功底，看反响，但我认为，学术研究更要重精神，重敬业，重情怀。对于美学研究尤其如此。什么是学术的精神？什么又是学术的情怀？在我来看，那就是除了外在性的评价之外的那种发自内心的一以贯之的学术追求以及由此而展现的更接近一位“理论家”的内在要求的学术生命的热忱与价值，王杰教授的研究之所以曾被人称为“站起来的理论”[①] 也正是因为此。

如果说，在中国，从事人文学术研究从来就不是一件容易的事情的话，那么，美学研究更是如此。尽管跨入 21 世纪以来，研究者们都从不同的角度检验美学研究三十年来所斩获的种种成绩，但其实我们都心知肚明，这种检验的结果与其实质的内容是有差别的。早在几百年前，美学研究的领袖康德就曾经以其身体力行告诉我们美学研究向来不是功利的学问，在熙熙攘攘的现实世界之所以还需要作为少数派的美学研究，那是因为我们关于这个世界的解释与理解以及更深刻的实践除了衣食住行等基本的物质维度外，还需要终极与超验的精神作为不合时宜的理性判断和批判分析的方式而存在。正是由于此，美学研究的终极意义更多地在于投入而不是产出。这意味着理解与宽容，而不是比较与计算；意味着更多地走向研究者的精神世界与内心情怀，而不是浅表层地计算他头上的光环与背后的身份。为什么我们不能在精神投入的层面上更多地着眼人文学术研究的整体与个案呢？我想，至少，我们对于王杰教授的学术评价可以以此为标准。

我们都深知，在中国当代的学术生态中，几乎三十年如一日的精神跋涉历程绝不是那一堆干瘪的数字可以涵盖的。这其中的甘苦辛酸以及很多说不清道不明的莫名纠结恰恰洗礼了一位执着的人文研究者的精神世界。他 1982 年从武汉大学哲学系毕业，到 1988 年以论文《卡尔·马克思的神话理论——马克思的艺术人类学思想研究》获得硕士学位，1991 年在山东

① 仪平策：《站起来的理论》，《文学评论》2001 年第 6 期。

大学以《审美幻象研究：现代美学导论》获得博士学位，再到《审美幻象研究：现代美学导论》（广西师范大学出版社 1995 年版）、《审美幻象与审美人类学》（广西师范大学出版社 2002 年版）、《马克思主义与现代美学问题》（人民文学出版社 2004 年版）、《审美意识形态》（译著，广西师范大学出版社 1997、2001、2006 年版）、《托尼·本尼特：文化与社会》（译著，广西师范大学出版社 2007 年版）等一批真正有分量的学术著作的出版，新时期以来中国美学研究三十年的历程，王杰是全程走过来的。且不说这三十年间王杰已经在当代美学研究领域奠定了突出的学术位置，单从他在学术研究中所展现的哲学素养、理论视野、批判力度以及方法观念足以让后来者得到有益的启迪，也展现了他的学术研究的标志性理论精神与方法特色，所以，在这里，我首先想谈的是王杰的美学研究的理论、方法与问题。

黑格尔曾经说，哲学本来就是一处孤独的圣所。选择哲学美学研究作为毕生的事业，无论出于何种缘由，都必将是一种劳心劳力的差事。尽管对美学追求那么执着的康德也曾认为，“哲学不是第一需要的事情，而是愉快的、消磨时间的事情。”① 但当踏上这条路，我们才知道，我们无法拥有康德的境界。尽管哲学家尼采的人生总结之语催人深思：“我有一双颠倒乾坤的手：这也许就是为什么唯我才能‘重估一切价值’的首要原因。”② 但是，当学术研究的艰难与磨难接踵而至之时，我们最终也无法拥有尼采的雄心。可是他们的精神探索历程也预示了另一番深刻的道理，那就是，在人文研究的征途上，要想取得哪怕是那么一点点儿的起色，除了没得商量的努力付出外，更需要对人文学术保持一贯的敬意与由衷的敬畏，否则，充其量也只能算是列夫·舍斯托夫所说的“堆字儿”与“认字儿”。③ 正如马克斯·韦伯所说，“以学术为业”必须“怀着热情去做”。④ 我想，在这方面，包括王杰在内的一些师长、前辈研究者所展现的学术精神永远是我

① 转引自徐岱《美学新概念》，学林出版社 2001 年版，第 21 页。

② ［德］尼采：《看哪这人》，张念东等译，中央编译出版社 2000 年版，第 8 页。

③ ［俄］列夫·舍斯托夫：《旷野呼告　无根据颂》，方珊等译，上海人民出版社 2004 年版，第 207、272 页。

④ ［德］马克斯·韦伯：《学术与政治》，冯克利译，生活·读书·新知三联书店 1999 年版，第 23、24 页。

们前行的楷模，这也正是王杰教授美学研究所展现出来的学术精神。多年来，即使遇到阻力与困难，他的刻苦、他的坚持、他的韧性都成为不断迈向理论高度与思想深度的动力，而他本身对哲学与审美理论的意义与价值的体认过程也融入了他的治学方法与特征。正是由于此，他不做凌空蹈虚的理论演绎，时时在对现实的批判反思中展现出了理论对于现实的能力与希望。所以，早在1995出版的《审美幻象研究》中，王杰先生就提出："当代中国美学的出路决不在于理论屈从于现实，而在于它自身的彻底性和科学性。只有认识到这一点，我们才有权力重复马克思引用过的著名格言，把理论研究比喻为进入现实的入口处。"① 我们完全可以把这种学术感悟作为他的一如既往的学理追求，正是这种坚持"理论面向现实"的提问方式展现了他对美学研究的深刻的现实关怀。

从当前美学研究的态势看，理论上的困惑是多重的。一个明显的征兆是，理论在文化转型期间多重的精神向度中失却了把握现实的能力。这是一种悖论性的现实，一方面，现实把理论推向了高峰，现实发展需要理论做出合目的性的解释；另一方面，理论在膨胀中不由自主地丧失了批判性的锋芒，在这种情形下，理论研究呈现出一种难以名状的独自狂欢的尴尬。就在最近，学者们都在总结中国美学研究三十年的历史与经验，基本上也认识到这样一种现实，所谓中国美学研究的坦途与愿景不在于学术成果的以量取胜，也不在于本土学术话语生产的蒸蒸日上，而在于自身理论建设的有效性和切实性。或许单纯地获得西方学界的尊重与认可也并非中国美学研究最迫切的需求，但一厢情愿式的自我陶醉则绝对显得浅薄。如果说理论研究本身也应承载一定的责任的话，那么，毋庸置疑，中国美学理论研究最主要的责任毫无疑问在于理论与现实之间的彼此呼应，在于那种真正潜入问题实质深入学术肌理的提问与应答。这一点，或许我们也能在王杰教授的美学研究中得到一点启发。王杰的《审美幻象研究》《马克思主义与现代美学问题》《审美幻象与审美人类学》体现出一种明确的特点，那就是理论的宏观高度与具体问题意识的恰当连接，其中最重要的著

① 王杰：《审美幻象研究》，广西师范大学出版社1995年版，第4页。

作是《审美幻象研究》。

《审美幻象研究》试图为中国现代美学的研究与发展寻找一条有效融合西方哲学美学理论传统与中国特殊审美文化现实的道路，他提出的“审美幻象”与“意识形态”、审美交流表现策略与媒介、审美需要的历史生成与“美的规律”、审美幻象与艺术变形、图像与仪式、快感与欲望等问题，现在看来仍然有重大的理论意义。从学理与现实层面上讲，这些问题是当代美学研究无法回避的，是影响当代美学研究潜入文化与社会的一个重要的思想入口。王杰在融会西方美学传统与资源、人类学的理论与方法、马克思主义美学的基本原则与理论精神的过程中，并没有忽视对社会现实与具体问题的思考，而恰恰在深刻关注现实审美情势的过程中走向深刻的理论建构。他既强调：“现代美学体系的核心是审美幻象，它的基础理论内涵不是由个体心理活动所界定的，而是由社会性的、物质性的和符号性的文化活动所界定的。”① 同时又强调，“美学只能从理论的角度进入现实。只有摆脱经验主义的思维惯性，从盲目摸索上升到自觉的理论追求，中国当代美学才可能从理论与艺术现象相冲突的别扭窘境中摆脱出来。”② 所以，《审美幻象研究》尽管是一部极具哲学感的著作，但不影响它对中国当代艺术和审美问题所表现出的多重叠合的审美幻象做综合研究与批判阐释，这一点在他的《马克思主义与现代美学问题》中同样明显。

在《马克思主义与现代美学问题》中，他认为，真正站在马克思主义的文化视角上来审视现代文化，就有可能使美学理论在有效地融入现实的过程中展现出对象化现实的能力，所以，《马克思主义与现代美学问题》的一个核心的主题就是在马克思主义文化立场的烛照下，全面剖析现代社会生产关系中主体的文化创伤，并在一种悲剧性的文化要求之下，探索人文学术修复和弥补这种文化创伤的手段。正像他所说的那样：“艺术以及人文科学的一个基本任务，就是通过重建欲望与对象的深刻联系来修复这种创伤。”③ 在这样一种深刻的关怀意识下，作者实际上向我们指出了现

① 王杰：《审美幻象研究》，广西师范大学出版社 1995 年版，第 2 页。

② 同上。

③ 王杰：《马克思主义与现代美学问题》，人民文学出版社 2004 年版，第 198 页。

代美学中的迫切需求，那就是“通过审美幻象来修复文化创伤，通过艺术来解决‘历史的必然要求和这种要求无法实现’的现实矛盾”①。如果我们能意识到这种充满悲剧意味的文化要求是何等重要，那我们才真正意识到了中国当代美学研究的坦途与愿景何在？或许，这也正是中国当代美学的命运，理想与现实的矛盾与沟壑既是孕育理论研究的思想支点，同时又悲剧性地处于它的张力之中。理论的研究同样如此，德国文学理论家沃尔夫冈·伊瑟尔在他的《怎样做理论》中曾强调，理论之所以不可或缺，是因为它让我们意识到了解释的多种多样，从而一举改变了人文科学中的解释实践。② 正是在这个意义上，那种真正意义上的美学研究需要的不仅仅是责任与力量，更有一份面向现实的精神，这一点，正是王杰教授的美学研究正在着力诠释的内容。

二　征兆与幻象：马克思主义美学研究的现代课题

综合来看，王杰教授的美学研究具体表现为以下几个方面：1. 美学基础理论与文艺美学的学科体系与理论形态研究；2. 马克思主义美学与马克思主义文艺理论历史发展、知识传承与中国实践研究；3. 西方马克思主义美学特别是英国马克思主义美学思想资源、文化传统与理论范式研究；4. 文化研究与审美人类学理论与方法研究。王杰教授的这些研究方向有一种彼此呼应的理论关联，从他最早的学术专著《审美幻象研究》来看，对马克思主义意识形态理论的思想阐发和应用性研究构成了他的重要的理论基点。从学理层面而言，马克思的意识形态理论对美学研究最大的启发也是最有生发性的理论影响在于它对理论与现实关系的深刻阐释。王杰教授在他的美学研究中，敏锐而持久地抓住了这个理论基点，并在《审美幻象研究》中对这个理论基点的理论考察进一步延伸到了马克思主义的审美意识形态理论的现实应用中，从而形成了他的美学研究理论及把握现实问题的方法特征；而他对马克思主义美学的历史与中国实践、对西方马

---

① 王杰：《马克思主义与现代美学问题》，人民文学出版社 2004 年版，第 198 页。

② ［德］沃尔夫冈·伊瑟尔：《怎样做理论》，朱刚等译，南京大学出版社 2008 年版，第 1 页。

克思主义美学研究的理论视野也基本从审美意识形态理论与审美幻象理论视界出发，其中着重关注的阿尔都塞学派的美学、精神分析美学、英国马克思主义美学，基本上是延续了审美幻象研究的理论体系与方法观念，所以在王杰的理论研究中，由马克思主义美学基本问题引发的理论原点时刻贯穿在具体的研究过程中。

在《审美幻象研究》中，他这样说道："马克思主义美学以意识形态理论为基础，基本的理论问题是艺术与社会生活的关系问题，它的一个重要规定在于剖析审美对象的神秘化机制。"① 而"如果我们把审美幻象作为人们掌握世界的一种基本方式，作为个体与环境相互沟通、与群体相互交流的必要媒介；如果我们既注意这种媒介极为敏感，随时都会发生断裂的特征，又关注这种媒介的极大潜能和对文化异化的顽强抵抗力，那么，美学理论就有可能从'批判理论'发展为建设性的理论，也就有能力阐发审美变形的丰富可能性以及在塑造价值规范方面的重要作用，从而系统地论证文学艺术在当地中国现代化过程中的积极作用。应该说，这也正符合马克思当年对理论的期望"②。王杰是在 20 世纪 90 年代提出这样一种理论设想的，经过了近二十年的发展，我们可以说，这样一种理论期望仍然是中国当代美学研究的核心命题。当然，我们在敬佩王杰教授敏锐深刻的理论视野之时，更应该尊重二十年来他在审美幻象研究中所取得的重要的理论成果。审美幻象问题既是马克思主义审美意识形态理论中的一个重要的理论问题，包孕着重要的思想能量，同时又是包括马克思主义美学在内的美学研究介入现实审美问题的重要视角与中介模式；审美幻象既是审美意识形态的现实征兆，是广阔的社会文化语境中多重叠加的文化镜像在审美层面上的折射，更是意识形态对现实文化基础的反射性的体验方式。可以说，只要有现实文化存在的领域，都存在审美幻象的征兆与形式，反过来，只要有意识形态、有人类思想文化存在的社会空间，都会有审美幻象的存在与体验。在这个意义上说，从学理层面上把握审美幻象问题的理论

① 王杰：《审美幻象研究》，广西师范大学出版社 1995 年版，第 4 页。
② 同上。

资源与实践方式，是我们深刻地理解马克思主义思想精髓以及现代影响的一种必备的工作，同时也是我们从事学术研究所必须掌握的基本素养，而从现实层面全面剖析既定社会审美幻象的表达机制与交流机制，更是展现美学研究丰富性与生动性的重要方面。正是在此，王杰选取了那种有针对性的理论研究，这个针对性就是一方面从哲学理解与理论把握层面突出理论研究的学理来源和特征，而另一方面时刻不忘把目光投向广阔的审美文化现实，在扎扎实实的学理探究之中关心社会审美文化语境中审美幻象问题和审美变形问题的展开方式，正是在这个起点上，王杰教授的审美幻象研究开启了马克思主义美学研究的现代课题。

在《审美幻象研究》中，王杰不仅精辟地向我们阐述了审美幻象问题的理论意义和思想包孕内涵，表明了审美幻象研究在现代人文学术研究中的价值，而且展现了他对这些问题的精当而深刻的理解与把握能力。这在后来的《马克思主义与现代美学问题》中有进一步的生发。《马克思主义与现代美学问题》关心的是现代审美文化发展历程中马克思主义美学的价值及其实现的问题，这其中的一个核心问题就是后现代主义文化的崛起与马克思主义美学的表达机制问题。《马克思主义与现代美学问题》深刻地认识到了这个问题的重要性和迫切性，并在一种警醒式的意义上提出我们应该重视马克思主义美学与后现代主义美学的关联。一方面，作者提出："对于当代学术研究而言，马克思的意义在于为我们提供了一个重要的理论坐标。"[①] 因此，我们要重视马克思的理论贡献，同时也要以马克思主义的理论资源来迎接后现代主义文化的挑战；另一方面，作者也提出："在充满分裂和对抗性冲突的社会中，盗火者给现实秩序带来的危机恰恰是超越现实内在危机的一种希望。"[②] 从美学的角度来看，这也正是审美幻象研究的应有之义。王杰教授的美学研究深深地触及了这个令人震撼的话题，同时又将这一论题引向深入，他通过审美幻象与审美变形机制的历史考察，深刻地阐述了现代审美文化视野中马克思主义美学的表达机制，

① 王杰：《马克思主义与现代美学问题》，人民文学出版社 2004 年版，第 209 页。

② 同上书，第 60 页。

他向我们表明，在现代文化条件下，人们情感表达的通道并不是随着现代科技的发展更顺畅，而是更加陷入窘境。在这种情形下，我们应该重视现代文化条件下审美感性的现实情形，并深入思考美学在充满对抗性冲突的社会中的批判与救赎的功能。“把理论视野从艺术的真实性问题转向审美幻象领域，是人文科学对现代社会生活丧失自信的一种表现；在我看来，这种理论转折是人类对自身命运仍具有信念的证明，也是对理想生活的更进一步的追求。正如对宗教偶像的亵渎和玷污曾经是对新生活的一种朦胧的追求一样，关于审美幻象及其变形机制的思考也是一种真理的追求。”① 这既是王杰的审美幻象研究所刻苦追寻的理论境界，同时又是马克思主义对现代美学的重要启发，它预示了当代美学发展的一种不可或缺的理论路向，当代美学研究在某种程度上仍然是在一种深刻的危机条件下前行的，无论是在人们的现实的审美关系中，还是在具体的艺术实践的领域，审美幻象的表征形式都充满了矛盾性和特殊的复杂性，因此，审美幻象研究的根本意义，不仅在于说明意识形态表征的生理学和心理学基础，更在于深刻地剖析人类审美文化发展历程的“悲剧性”现实，当我们承认并深刻地面对这种“悲剧性”之时，那才正像特里·伊格尔顿所说，我们处于美学的回归中。②

三 经验与现实：英国马克思主义美学研究的最新拓展

在中国当代美学研究领域，王杰教授最先是以西方马克思主义美学研究获得广泛认可的，他的《审美幻象研究》最早显示出了这方面的成绩，《马克思主义与现代美学问题》进一步将西方马克思主义美学研究推向深入，而他在英国马克思主义美学研究方面长期的集中探索更加显示了他在西方马克思主义美学研究方面的学术耐力与问题意识。严格意义上看，英国马克思主义美学并非拥有一种天然的固定的理论形式与理论观念，但从马克思主义美学整体格局与理论现实来看，它的理论范式的特殊性意义是

① 王杰：《马克思主义与现代美学问题》，人民文学出版社 2004 年版，第 4 页。

② ［英］特里·伊格尔顿：《甜蜜的暴力》，方杰等译，南京大学出版社 2007 年版，第 171 页。

不容忽视的。英国马克思主义美学积极吸收马克思主义理论观念和哲学方法，充分重视社会变革进程中的大众文化经验与意识形态现实，形成了独特的文化唯物主义理论范式和审美意识形态批评观念。特别是20世纪以来，在英国马克思主义美学理论视野中，马克思主义的基础—上层建筑理论观念、文化唯物主义与文化分析方法、民族志分析模式、媒介与技术分析等方法模式得到了深入的拓展，这一方面是20世纪英国马克思主义美学将马克思主义引入文化研究实践所展现出来的理论成就；另一方面是雷蒙·威廉斯、特里·伊格尔顿、托尼·本尼特等文化理论家充分重视民族美学传统、大众文化经验、现实审美文化问题的结果，这也正是作为一种美学形态的马克思主义在当代社会发展中拥有生命力和思想上的启发性的重要表现。

从20世纪八九十年代开始，当西方马克思主义美学研究在中国还远未形成明显的学术兴奋点的时候，王杰教授就敏锐地意识到了这一学术领域所包孕的重大理论问题以及对中国社会文化发展的启示与意义。那时他在从事阿尔都塞学派理论研究时就非常集中地探讨了包括雷蒙·威廉斯、特里·伊格尔顿等在内的英国马克思主义美学理论。在《艺术与意识形态：阿尔都塞的美学思想》(1996)、《阿尔都塞学派文学批评的视野及其局限》(1996)、《历史与价值的悖论——特里·伊格尔顿的美学理论》(1998) 等一系列论文中，王杰对阿尔都塞学派的思想方法与理论传承、英国马克思主义美学的理论范式与理论经验等问题有深入的研究。这些研究有深广的哲学视野、敏锐的思想触觉、集中的问题意识，现在看来仍然是西方马克思主义美学研究的重要成果。最近几年，王杰教授更是把目光投向了托尼·本尼特、迈克·桑德斯等英国新锐马克思主义美学研究者们，《漫长的革命：20世纪英国马克思主义文论的问题与理论立场》(2008)、《托尼·本尼特的马克思主义美学研究》(2009) 都显出了鲜明的理论成绩。王杰教授对英国马克思主义美学的开拓性研究是值得我们认真对待的，在王杰的研究中，一个明显的特征就是充分重视英国马克思主义美学的理论观念的特殊语境以及生成方式，特别注重从社会整体文化的角度描述英国马克思主义的发展历程、文化观念、文化理想、话语形式，因此对英国马克思主义美学的理论生成过程与存在形态有完整的考察。这对我们从不同的角度观察马克思主义新的发展趋向，同时更深入地把握作为一种美学形态的英国马克思主义的理论范式与特征，有重要的意义。最近几年，学界对20世纪英国马克思主义美学的研究有明显的回潮态势，主要表现为由以往的注重威廉斯、伊格尔顿等单人的美学思想开始向整理把握20世纪英国马克思主义美学问题的研究态势转变、由对英国马克思主义美学中的基本问题研究开始向其理论范式和美学格局的研究转变、由对英国马克思主义美学的具体问题研究开始向其整体发展线索与理论对话性及互动性研究转变。[①] 王杰的研究也有这方面的特征，在《漫长的革命：20世纪英国马克思主义文论的问题与理论立场》中，他从宏观着眼20世纪英国马克思主义美学的理论背景、基本问题和理论启发，为我们整体把握20世纪英国马克思主义美学的理论特征与趋向提供了重要的参考。

其次，他重视英国马克思主义理论观念和哲学方法，充分关注英国马克思主义美学在社会变革进展中形成的理论问题，理论研究有明确的问题意识。王杰教授曾把英国马克思主义美学的问题概括为“审美意识形态与文化研究问题”，[②] 具体说就是，“把审美问题和艺术问题作为意识形态领域的一个最重要的问题，在批判和剖析审美意识形态隐蔽作用的同时，积极思考在现代社会条件下，人们通过艺术和审美认识社会关系，获得启蒙意识的条件，以及对社会现实作出批判的能力和机制。”[③] 我们可以看到，这不但和他早期在审美幻象研究中所关心的问题一脉相承，而且已经将它引入了现实审美批判的具体过程。我们知道，20世纪英国马克思主义美学充分重视民族美学传统、大众文化经验、现实审美文化，王杰教授的研究正是在这个方面显示出他的别具特色的理论研究的焦点。在《马克思主义与现代美学问题》等著作中，王杰教授吸收英国马克思主义美学的理论

① 段吉方：《意识形态与审美话语——伊格尔顿文学批评理论研究》，人民文学出版社2010年版，第8页。

② 王杰：《漫长的革命：20世纪英国马克思主义文论的问题与理论立场》，《湖北大学学报》2008年第1期。

③ 同上。

观念和哲学方法，充分重视大众文化经验的解析对审美问题研究的掘进作用，他对后现代主义文化的兴起与大众文化方向的逆转、后现代主义文化理念与美学内在精神的冲突，特别是后现代主义文化兴起过程中审美经验与大众文化欲望危机和应对策略等问题有深入的思考，这其中不排除他是从英国马克思主义美学研究中获得相应理论灵感和问题意识的。他对英国马克思主义美学研究所采取的理论态度不仅仅是理论资源和研究方法上的有效融通借鉴，而且更注重从具体文化实践的解析中寻找理解和探索理论问题的路径，正是在这个意义上，美学理论范畴意义上的“表征性危机”在特殊的现实境遇中才形成了一种内在的文化批判方式。

最后，王杰教授的英国马克思主义美学研究注重域外理论范式的阐发与中国问题的相关性，他在具体的研究过程中时刻注意捕捉能有效融入中国问题与中国语境的理论读解方式，所以，在某种程度上，他的理论研究具有现实性的活跃性特征。在我的理解中，这种活跃性并非来自理论阐释本身的话语演练和理论注解，而是来自那种对理论与现实间的张力有深刻的体察而带来的直接的理论感悟。对于美学研究来说，要做到这一点是不容易的。特别是在今天，当理论逐渐走向玄虚与高蹈之时，那种本身直接而丰富的现实经验显露的朴素乃至平静的理论反思不但显得必要而且弥足珍贵。王杰教授曾经有一段时间在英国曼彻斯特大学访学，期间与特里·伊格尔顿、托尼·本尼特、迈克·桑德斯等英国马克思主义学者们建立了良好的学术合作联系，在这期间他对当代英国马克思主义美学家进行了多次的直接访谈——《我不是后马克思主义者，我是马克思主义者——特里·伊格尔顿访谈录》（2008）、《“我的平台是整个世界”——特里·伊格尔顿访谈录》（2008）、《当代马克思主义问题——与迈克·桑德斯博士对话》（2009）、《文化产业：艺术、技术和市场的契合——司各特·拉什访谈录》（2009），并且主持翻译了特里·伊格尔顿与托尼·本尼特两部重要的理论著作——《审美意识形态》与《托尼：本尼特——文化与社会》。大量的第一手资料以及英伦旅行的直接经验有助于丰富他的思想，能够让他在更贴近的距离直接把握他的研究对象的走向与特征。非但如此，王杰教授并没有把他与研究对象的这种近距离的了解仅仅作为完善自身“学术装备”的单纯的便利条件，而是作为融入中国问题的特殊视野，这一点尤其难能可贵，这让他的英国马克思主义美学研究在保持一种国际视野的同时，更增强了理论研究的现实感。在《中国马克思主义美学的基本问题与理论模式》《简论社会主义初级阶段文学生产方式》《当代中国语境中的审美意识形态理论》《审美现代性：马克思主义的提问方式与当代文学实践》等论著中，他的理论思考已经鲜明地融入了“中国问题”之中。他曾说：“中国马克思主义美学在理论模式上表现为中国式的审美意识形态，即在经济技术欠发达的国家，可以跨越审美现代性将审美价值与社会生活其他诸种价值割裂开来的美学范式，把文学艺术作为社会的对立面和批评性力量的存在方式转变为社会变迁和社会变革服务的上层建筑力量。面对全球化和新媒介发展所带来的种种挑战，只要我们认真地研究现实提出的问题，坚持马克思主义的基本原理，创造性地解决现实中的种种难题，中国的马克思主义美学就能形成当代的形态并在国际学术界赢得尊重。”① 可以说，多年来，王杰教授正与他的诸多同仁一道并肩行进在这样一条艰苦跋涉的道路上，正是他们的足迹让中国美学研究的道路变得更加宽广。

四 面向现实的审美情怀：王杰教授的审美人类学研究

在人们的一般观念中，美学研究是充满思辨特性的学问。多年来，美学研究在承载形而上的意义向度中获得的艺术哲学研究的合法性立场，其实已经让“美”的问题变得更加难解。我们必须得承认，关于美学，在很多时候，我们还无法完全摆脱“理论”与“思辨”的焦虑。特别是在当下，种种尖锐的文化矛盾和多元的审美现实，更加让审美的经验变得复杂多变。毋庸置疑，时代在发展，艺术的光芒时时向人们绽放，美的世界依旧丰富而神秘，但这并非意味着我们能够从容地应对光怪陆离的审美人生。特别是在现代世界中仍然存在着很多神秘的角落，那里所展现出的文化多样性，在很多时候足以让我们陶醉，更会极大地挑战我们的审美思维

① 王杰：《中国马克思主义美学的基本问题与理论模式》，《文艺研究》2008 年第 1 期。

与文化成规，这也正是我们应该在审美的世界中抱以一种深刻的人类学目光的原因。

近年来，王杰教授很大一部分精力放在了“审美人类学”上，致力于全球化的条件下“地方性审美经验”[①] 研究。王杰教授及其率领的团队在这一领域的成果非常引人注目，发表的一些学术论著，如《审美人类学的学理基础与实践精神》《马克思的审美人类学思想》《列维-斯特劳斯与审美人类学》《审美人类学与马克思主义美学的当代发展》《美学研究的人类学转向与文学学科的文化实践》《审美幻象与审美人类学》等，展现出了鲜明的理论成绩。具体来说，包括以下几个方面：

首先，王杰教授及其所率领的审美人类学研究团队，对审美人类学的学理来源、理论方法、基本问题以及美学意义做了深刻的阐释，从而在学科形态与理论观念的层面上极大地拓展了传统人类学、文学人类学的研究领域，在学科交叉与理论资源相互融通的过程中开启了审美人类学的崭新的研究领域并逐渐形成一定的研究规模。值得一提的是，王杰教授其实很早就介入人类学研究，早在 1987 年的硕士论文《卡尔·马克思的神话理论——马克思的艺术人类学思想研究》中，他就充分关注了艺术人类学研究这一重要的领域，经过多年的跋涉，王杰教授将人类学的实证方法、文学人类学的民族志传统、艺术人类学的比较研究观念与美学研究的经验传统和文化分析范式融合起来，在跨学科的理论视野中开拓并推动了审美人类学这一新颖的研究领域，并将之发展到一个崭新的阶段。王杰教授曾经强调，“审美人类学力图超越二元对立的西方美学、哲学体系，在宏阔的多元文化背景下，贴近人类审美感性活动，同时与具体文化情境相适应，使美学研究从想象性的精神活动变为作用于社会现实生活的实践活动。对马克思主义美学基本问题的继承使审美人类学与传统美学研究相区别，也使它不同于西方人类学界研究非西方文化中审美现象的美学人类学（the

① “地方性审美经验”是王杰在审美人类学研究中提出的概念，他尝试将少数民族审美文化经验与审美认同问题结合起来，并强调在全球化语境中来自少数民族文化的审美经验的特殊性审美功能，用“地方性审美经验”概括和指称全球化语境下非西方主流文化，特别是少数民族审美文化与经验，在审美维度上的存在方式和存在形态。

Anthropology of Aesthetics）和国内以探寻美和具体艺术样式的起源为主要内容的艺术人类学，从而体现出独特的学术理路。"[①] 实际上，这也正是他这几年辛苦耕耘所展现出的积极的研究成果。

其次，王杰及其研究团队的审美人类学研究基本完成了理论与方法层面上的研究架构，形成了稳定的研究队伍和常态的研究机制，从而实现了规范性的研究理路以及有保障的方法体系。王杰曾这样界定审美人类学的研究："传统美学研究主要运用形而上抽象思辨的学术探求方式，而审美文化研究力图把哲学层面的美学研究向形而下具体层面靠拢。前者的抽象玄虚与后者导致美学的泛化已经引起学术界的警惕。相对而言，审美人类学更为强调规范化的人类学研究方法的采借，强调关注社会现实而不失学术研究的独立性，注重第一手资料的搜集，也要在资料积累到一定程度之后，努力探寻规律性认识。人类学经过一百多年的发展，形成的一整套学术理念和方法论体系，可为保证审美人类学研究方法的有效性、学术品格的纯正性、学术脉络的清晰度以及学术生命力的持久性，提供学科理论及方法的有力支撑。"[②] 为了做到这一点，他曾带领他的课题组连续四年追踪研究"南宁国际民歌节"，曾多次带队深入广西那坡县黑衣壮聚居区从事田野调查，并且充分运用田野调查方法分析广西那坡县黑衣壮民族的生活状况及其审美习俗，在学理研究与田野调查、生活方式与审美情感、传统文化与现代文明、族群习俗研究与审美资源考察等多重证据把握中开拓了审美人类学研究的崭新格局。

最后，王杰教授的审美人类学研究在全球化条件下中国少数民族艺术的表征危机、全球化语境下地方性审美经验的矛盾结构、中国现代化过程中乡村和城市审美经验的矛盾差异与现代表征等问题上，有着深入的理论阐释，既有宏观探索，又突出微观与个案研究，从而显出了审美人类学研究深广的文化情怀和现实意义，并以实际的行动将审美人类学研究的成果推向深入的审美实践。他的《审美人类学视野中的南宁国际民歌节》《地

① 王杰等：《审美人类学的学理基础与实践精神》，《文学评论》2002 年第 4 期。

② 同上。

方性审美经验中的认同危机》《朴素而神圣的美——黑衣壮审美文化的审美人类学考察》等，从地方性审美经验的视角出发，既在学理层面上阐释了中国现代化过程中审美经验与文化习性的调适冲突与经验矛盾，又在充分实证的基础上深化了学理研究的成果。当这些具体的研究过程逐渐融入现代社会与文化变迁的大视野，我们突然发现，传统人类学研究的基本命题正在美学的意义上发生重大的变化——以全面的方式理解人以及人群的存在及变迁，除了那种宏观的主流视角之外，更需要"尊重文化差异，了解不同文化传统中美的理解和美的创造、欣赏方式，并从中提炼出有益当代社会发展的因素"[①]。现代文化发展中的审美现代性困惑及其面临的难题并非完全是理论上的，更有来自多元社会与文化群落的生存悖论与审美冲突，当我们明白这一点，也就明白了王杰的审美人类学研究给我们提供的启发所在。

经过多年的理论探讨与实证研究，王杰教授及其所率领的研究团队在审美人类学研究中作出的成绩不但对这一学科乃至对整个美学研究的意义都是重大的，这除了体现了他一如既往的理论精神外，那种来自现实的审美感悟是更令人感动的。在他的研究中，我们可以读到这样的文字：

> 学术研究的灵感往往起源于现实生活中不经意的碰撞与摩擦。有两个生活中的意象给我以很大启发。在一次民族地区的采风活动中，我看到歌圩上当地少女身穿民族盛装手持尼龙折叠遮阳伞、脚蹬塑料雨鞋的形象。在该民族传统中，姑娘手持的花伞和绣花鞋不同的色彩和花纹代表着来自不同的村寨、身份和年龄段，并具有寻偶和婚配的文化意义。我惊讶地发现小伙子们仍可以根据尼龙伞和塑料鞋上不同的颜色和图案来选择追求的目标。现代工业文明的产品在发挥其实用功能的同时，也被使用者赋予原本未有的含义，整合进传统的文化象征体系中。另一个意象则是1999年我现场观看南宁国际民歌艺术节开幕式晚会，现代先进的灯光、音响、焰火，还有最"酷"的歌手与

① 王杰等：《审美人类学的学理基础与实践精神》，《文学评论》2002年第4期。

最朴野的民歌共同为观众创造出如梦似幻的狂欢气氛。但无论是歌手还是观众都未感觉到其中的不和谐，而最使我受到震动的，是民歌确实更动听了。[①]

在晚会结束回程的路上，我看到手机上显示有两个未接电话，打过去才知是我去弄文屯调查时住户东家大嫂打来的，她说在现场直播电视里看到我在镜头里转来转去，就给我打电话，这时我真切地感受到现代技术，以及南宁国际民歌艺术节已经非常神奇地把古朴和原始的文化与时尚的现代文化结合起来，这种结合创造了美，但它所产生的文化震荡对大山里的黑衣壮族群会产生怎样的影响呢？演出到现在已经10天了，我一直在想，以道德严谨禁忌繁多而著称的黑衣壮少女们，在这场国际名模表演的时装秀演出中感受和体验到什么东西？这些东西对大山里的黑衣壮姑娘会产生什么样的影响呢？这种影响在黑衣壮族群的社会和文化发展中又会起什么作用呢？这的确是一个值得研究的问题。[②]

对于一种严肃的理论思考而言，再没有什么能够比这种直接而现实的体验更能融入精神思考的了。作为一个现代人文学者，王杰先生的美学研究不仅显示出了理论研究的博大气象与哲理深度，而且让我们感受到了那种美的体验的现实性，我想，无论我们对美学研究的意义与目标作出多么具有宏大叙事的规划，其实最终都无法回避这种源自现实问题与人生经验的美的现实性吧。英国思想家以赛亚·伯林曾经有一个关于“刺猬”与“狐狸”的著名论断，他以“刺猬”来象征那些善于构筑整体性的有统一性理论体系的思想家，而以“狐狸”来象征那种信奉不同思想交锋状态，抵抗整体性、统一性的理论，坚持发散性问题思考与意义追问的思想家。[③]

---

① 王杰等：《审美人类学视野中的南宁国际民歌节》，《民族艺术》2002年第3期。

② 王杰：《地方性审美经验中的认同危机——以广西那坡县黑衣壮民歌在南宁国际民歌艺术节上的呈现为例》，《文艺研究》2010年第9期。

③ ［英］以赛亚·柏林：《俄国思想家》，彭淮栋译，译林出版社2003年版，第25页。

我想说的是，在真正的“以学术为业”的生命里，这两种不同的治学归类与学术目标固然都值得重视，但那种投向现实的审美情怀与学术情怀同样值得我们期待。正如舍斯托夫所言，书斋里的学者都应该走出那“四堵墙”的限制。[①] 是的，虽然哲学的思考与理论的研究向来是需要书斋的，但这不是罢黜生活的理由，就像哲学的澄明之境永远不排除与娱乐愉快结伴而行是审美的人生所必备的精神保证一样，关于审美的冲动与向往同样不仅仅是哲学层面上的意义追寻，更应该是通往美好生活的招牌。但是，无论如何，我们最终要面向实在、尊重经验、抱以热情、融入生命，即使面对困难和阻力，而这些，我们都可以在王杰教授的美学研究中感受得到。最后，我想以英国学者以赛亚·柏林论述托尔斯泰的主题的话作为我的结尾：“我们一切困惑的解决之道近在眉睫——答案就在我们身畔周遭，俯拾即是，昭昭然如化日天光，只要我们不自闭眼睛，不四处瞻望，而肯凝神注目，就会看到清明、单纯、不可抗拒的真理正在瞪着我们。”[②]

（原载《江西社会科学》2011 年第 5 期）

① ［俄］列夫·舍斯托夫：《旷野呼告　无根据颂》，方珊等译，上海人民出版社 2004 年版，第 272 页。

② ［英］以赛亚·柏林：《俄国思想家》，彭淮栋译，译林出版社 2003 年版，第 289 页。

文化多样性与中国美学的理论选择
——高建平教授美学研究的方法与立场

在当代文化条件下，中国美学研究面临着文化多样性的语境，这是一个既涉及中国美学研究的理论走向，又关乎中国美学的现实命运的问题。当代文化的多样性发展使中国美学研究的历史条件与现实问题更加复杂，在今天，中国美学如何在当下的历史情境与理论处境中找到属于自己的文化属性与审美立场，找到自己的理论根基，进而在呼应中国当代审美文化经验的基础上展现出理论的现实性，这既是中国美学研究要面对的历史责任，同时又是理论研究者必须认真思考的问题。

在这样的问题意识的促发下，中国当代美学研究中的一些学者积极吸收美学研究的最新成果，扎根于中国审美与艺术实践之中，在深入把握中国美学与文艺理论的当代语境的基础上，努力探索美学与艺术理论呼应当代审美文化经验的有效方式，并强调在全球与地方、东方与西方、美学与文化的对话语境中探索基于"中国美学"理论与经验的学理形式与实践方式，并取得了丰硕的理论成果。中国社会科学院文学所高建平教授的美学研究即是这些理论研究成果中的重要代表。高建平教授从20世纪80年代就开始从事美学研究，在三十多年的美学研究历程中，高建平教授积极参与和构建中国美学理论经验与范式，特别是在中国美学与西方美学的对话中做了很多积极的工作，取得了很多值得关注的优秀成果，他的一系列著作，如《全球化与中国艺术》（山东教育出版社2009年版）、《全球与地方：比较视野下的美学与艺术》（北京大学出版社2009年版）、《美学与文化·东方与西方》（与王柯平合编，安徽教育出版社2006年版），以及大量的译著，如《超越美学》（诺埃尔·卡罗尔著，高建平译，商务印书馆2006年版）、《弗洛伊德的美学：艺术研究中的精神分析法》（斯佩克特著，高建平译，四川人民出版社2006年版）、《西方美学简史》（门罗·C. 比厄斯利著，高建平译，北京大学出版社2006年版）、《先锋派理论》（彼得·比格尔著，高建平译，商务印书馆2002年版）、《艺术即经验》

（约翰·杜威著，高建平译，商务印书馆2010年版），除了显示了他扎实的理论功底和深厚的理论学养以及他所追求的学术理念和学问旨趣之外，更显示了他三十多年来在美学研究领域刻苦跋涉的学术足迹。可以说，中国美学研究三十年，高建平先生不仅是一个全程的亲历者，而且以他开阔的理论视野、独特的研究方法、现代的学术理念为中国美学的继往开来作出了重要的理论贡献。

一 发展的艺术观与中国美学的当代语境

高建平教授的美学研究涉猎广泛，博采众长，美学研究早已自成一格。近年来，高建平教授致力于中国美学与文化多样性问题研究，深刻关注中国美学的当代语境，并努力在一种发展的艺术观中探索美学研究介入当代社会的意义与价值，在西方“后学”思潮崛起与文化多样性日益明显的形势下，他积极参与国际美学对话，以严谨扎实的理论态度卓有成效的学理建构强调树立走出“美学在中国”、建立“中国美学”的意识，他的美学研究不但具有深刻的当代意义，特别是对中国美学如何在当代文化多样性的历史语境中完善理论建构，实现理论对象化、现实审美文化经验的责任有重要的启发。

从整体看，近年来，高建平教授的美学研究主要集中在以下几个方面：1. 在当代文化多样化语境中，如何走出“美学在中国”的理论预设，建立“中国美学”的理论意识，并集中关注当代文化多样性的语境中，中国美学的理论建构出路问题以及中国美学的理论立场问题。2. 在文化多样性的历史背景中，积极探索如何建立一种来自世界各民族、各文化的美学对话的共同的美学，并着力解决这种共同的美学的理论基础及其实现的条件问题。3. 强调发展的艺术观与马克思主义美学的当代意义问题，关注中国当代马克思主义美学有效融入社会历史文化条件的方式与价值问题，深入思考当代美学研究如何有效吸收马克思美学的理论根源和思想根源，并在现代性的视野以及“美学的复兴”时代展现理论的生命力。4. 在一种“共同的美学发展”视野中，展现中国美学的基本问题与研究经验，提出强化中国当代审美文化与艺术实践的学理批判，深入思考当代美学如何更加有效地介入中国当代文化与艺术的人文思想建设，如何呈现美学的人文价值与当代关怀。5. 深刻关注中国美学研究在走出“美学在中国”的理论预设后，如何建立“中国美”的意识，如何在当代文化多样性的历史语境中通过中西美学对话，实现中国美学的现实发展，并积极思考在世界美学体系与世界美学研究格局中，中国美学的定位问题。6. 努力探求文化多样性背后的美学依据，探索多元文化的视野下中国美学的理论建构方式，提出在新的问题意识下革新“做”美学的方法与意识，并深入思考如何呈现中国美学研究的理论特征与影响。可以说，这些问题既是中国当代美学研究的前沿性问题，同时又是中国当代美学研究仍然没有得到很好讨论解决的问题。受到历史条件与现实思想发展的影响，中国美学研究面临着多种理论与思想资源，在多种理论思想的影响下，中国美学无论是从理论形态上，还是从思想样式上，都面临着融会整合进而现代转换的压力，这些理论问题已经集中地成为当代美学研究的沉重的理论包袱。正是在这些理论问题的基础上，高建平教授认真思考当代文化多样性的历史语境中“中国美学”的定位与出路，并以一个跨时代的学者的严谨的学理探索当代文化多样性语境中我们是否能有一个区别于“美学在中国”的具有现代意义的“中国美学”？如果说，这是中国当代美学研究一直努力的方向的话，那么，高建平的研究正是以此找到了理论突破的方向。

二　文化多样性与中国美学的理论选择

近年来，文化的全球化与文化的多样性问题是理论界不断讨论的热点问题。随着经济大潮的发展以及世界范围内各国家、区域间的金融、贸易、交通和通信等方面交流合作的日益深化以及信息传媒的日益快捷所带来的信息共享的方便，世界范围内人们的经济联系与往来日益密切，金融与资本合作日益深入，同时人们在生活方式、文化消费以及情感体验间的趋同性越来越明显。社会的经济基础变化导致了审美文化交往的地理空间形式的巨大变化，在这种变化面前，有的研究者认为是经济全球化时代来临了，认为经济的全球化也带来了文化的全球化；也有的研究者认为，尽管当前世界人们的经济、金融以及通信等方面的经济交往的不断深入以及日常生活方式的趋同化越来越明显，但不同民族、不同传统、不同文化习得的人们之间审美与文化交往并没有走向一体化，不同国家、民族、地域乃至同一国家不同民族区域间的审美交流的差异与多样性现实仍然存在，而且如何保护这种由文化多样性导致的地方审美文化经验间的差异更加重要。可以说，在当前的文化历史条件下，这两种截然不同的理论观念都存在着合理的理论依据与现实根据，在社会与资本往来的经济社会中，经济全球化的现实人们有目共睹，另外，无论世界是在变大还是变小，无论人与人之间的地理距离是在拉长还是缩短，不同文化群落、文化区域中的审美交流的差异不但现实存在而且弥足珍贵。正是从这个方面考虑，文化全球化和文化多样性都具有它的深刻的语境意义，在这样的语境中，中国文学与美学研究必须面对“中国与世界”“自我与他者”的问题，更无法回避“古典与现代”“审美与生活”的现代性困境。

文化全球化和文化多样性都是我们无法回避的问题。高建平的美学研究正是基于这样的视野与视角，在他看来，文化多样性的现实是由政治、经济、文化等多种因素促成的一种文化语境，是由于社会与经济领域的落差以及文化资源与理论传统的差异决定的，他敏锐地认识道，“文化多样性是应对经济全球化的一个重要的提法”[①]，“‘文化多样性’的口号，虽然最早是美国以外的一些西方国家提出的，但对于广大第三世界国家也是有利的。特别是像中国这样一个有着自身悠久文化传统的国家，怎样在全球化的浪潮中保护自身文化传统的因子，在现代化的过程中，走自己的文化发展之路，这是一个重要的课题。”[②] 毋庸置疑，在文化多样性的语境中，中国美学面临着巨大的挑战，中国美学不仅需要找到中外文化对话的切合点，而且更需要研究中国审美与艺术的实际，高建平将中国美学与艺术融入了全球化与文化多样性立场之中，将文化全球化、文化多样性的问题与中国美学的立场与姿态联系起来，认为面对文化全球化与文化多样性语境，光有“和而不同”的文化立场还不足以充分展现中国当代美学与艺

① 高建平：《全球化与中国艺术》，山东教育出版社 2009 年版，第 5 页。

② 高建平：《全球与地方：比较视野下的美学与艺术》，北京大学出版社 2009 年版，第 5 页。

术精神的特征，也不能完全体现中国美学的独特地位，只有严肃对待中国美学的传统，使之获得现代的解读，为现代中国文化建设服务，这才是我们的文化建设自立于世界民族之林的根本，同时也是中国美学在全球化与文化多样性中展现自身理论立场与生命力的所在。他提出："不存在着一种共同的美学，但存在着一种共同的美学发展。这种发展，是建立一种来自世界各民族、各文化的美学对话的基础之上的。我们发展各民族和各文化的美学，发展民族和文化间的美学对话，就是为这种共同的发展做出各自的贡献。"① 这不仅体现了严肃的学理批判和坚定的人文立场，而且就中国美学研究的经验来看，他在立足于中国美学的当代文化语境的基础上对中国美学现实发展提出了一种可能性的理论选择。这种理论选择一方面回望传统，更主要的是关注中国的艺术实践与审美现实，正是在这个立场上，高建平的美学研究展现出了难能可贵的"接地性"。他认为，"中国美学的建设，不等于中国古代美学体系的整理。对于我们来说，更为重要的是面对当代审美和艺术的实践，解决我们今天在艺术中出现的问题。"②如果说，当代文化多样性的发展现实本身也预示了当代美学研究的多重的理论路向的话，那么这种面向当代审美与艺术实践的理论选择无疑是中国美学研究应该严肃对待的方向。文化多样性的语境不仅对中国美学的理论建设与理论发展提出了挑战，同时也预示着中国美学发展的新的文化时代的来临，正是认识到了这样一份重要理论责任，高建平先生才提出："只有来自中国文学艺术的实际，能够为这种中国人日常生活中大量存在着的活动提供解释和指导的理论，才是真正的中国美学。"③

三 从"美学在中国"到"中国美学"的理论建构

高建平的美学研究充分强调文化多样性的语境，但并没有忽略文化主

---

① 高建平：《什么是中国美学》，见高建平、王柯平主编《美学与文化：东方与西方》，安徽教育出版社 2006 年版，第 41 页。

② 高建平：《文化多样性与中国美学的建构》，《学术月刊》2007 年第 5 期。

③ 高建平：《什么是中国美学》，见高建平、王柯平主编《美学与文化：东方与西方》，安徽教育出版社 2006 年版，第 40 页。

体性立场，在他看来，之所以强调文化多样性的历史语境，其根本原因还是在于美学本身是属于时代的，“美学与艺术理论，是从属于它们的时代的，人们关于艺术本质和艺术定义的思考，也与它所属的时代联系在一起”①。所以，文化多样性不仅在语境层面上对中国美学的时代发展提出了严肃的理论挑战，同时，中国美学研究更是无法选择地融入了文化多样性的时代语境之中。在某种程度上，文化多样性既是中国当代美学研究的历史条件，同时更是它的基本问题。就现实的情形而言，中国当代美学与艺术不仅仅是在现实的层面上加入了文化多样性的进程，更是在艺术实践中重构着文化多样性的立场。正是意识到了这样的问题，高建平先生才提出了“中国美学”的理论建构问题。

就中国美学的历史来看，无论是古代美学资源的整理消化，还是中国现代以来美学发展经历的“三次热潮”② 以及从中国现代美学发生那一天开始就一直进行的对西方美学思想与资源的引进吸收，其实都存在着一个没有解决的问题，那就是作为一种哲学思考的美学理论如何在与中国文学艺术实践相结合，从而真正在学理上建构一种基于“中国美”意识的“中国美学”。在关于文化多样性的讨论中，高建平提出了这个深刻的理论问题。这当然不是老生常谈，而是在一个新的历史语境下展现出的及时的理论思考。

从“美学在中国”到“中国美学”③ 的理论探索与建构是高建平在当前文化多样性语境中从事美学研究的一个非常重要的理论立场，他不仅从中国当代美学的现实与格局中来探索建立“中国美学”理论的出路与设

① 高建平：《发展中的艺术观与马克思主义美学的当代意义》，《文学评论》2011 年第 3 期。

② 高建平提出，这三次热潮分别称为“美学大讨论”“美学热”和“美学的复兴”。“美学大讨论”指的是从 20 世纪 60 年代起开始的对美学的讨论，这一讨论一直延续到 20 世纪 70 年代初。20 世纪 70 年代这一讨论逐渐让位给更为直接的政治和文学论争。“美学热”指的是从 1978 年起，以“形象思维”讨论为开端的美学热潮。这一热潮一直持续到 80 年代后期，其后就为社会、经济、文化等一些学科的研究所取代。“美学的复兴”指的是发生于 20 世纪末的新一轮的美学热潮，美学的这新一轮的发展，出现了众多新的话题，在学科内部也发生着深刻的变化。具体见高建平《“美学的复兴”与新的做美学的方式——兼论新中国 60 年美学的发展与未来》，《艺术百家》2009 年第 5 期。

③ 高建平：《文化多样性与中国美学的建构》，《学术月刊》2007 年第 5 期。

想，而且，更主要的是将这一观点扩大到一般美学的建构上来，因此具有重要的理论启发意义。这个思想同时也是近几年来高建平教授集中思考的理论问题，凝聚着他对中国当代美学的整体格局与历史走向的基本判断，同时也是体现他的美学理论体系与逻辑立场的思想基点。

在高建平看来，之所以提出从“美学在中国”到“中国美学”的理论发展问题，是由中国美学的发展历程展现出的学科内在的结构与特征所决定的。高建平提出，在中国美学发展历程中，对于中国美学的最初理解是“美学在中国”（Aesthetics in China），或更为确切地说是“西方美学在中国”（Western Aesthetics in China），从中国20世纪初最早的一批美学研究者开始，中国的美学研究一直受到西方美学的影响，但在早期的中国美学家学习西方时，难免有“西方出理论、中国出材料”之嫌，这种状况内在地影响了中国美学的思维逻辑与内在的理论发展路数，以至于在中国美学的发展历程中，还没有形成一种建立中国美学的强烈意识，“‘西方美学在中国’与‘中国美学’是同义语。”[①] 但是，中国美学还有一个更为重要的任务，那就是研究当代中国审美与艺术实际，并在这个过程中改变那种“美学在中国”的理论状态，真正建立“中国美学”的意识与理论，这种“中国美学”，不再是古典意义的“中国美学”，而是现代“中国美”，“只有现代‘中国美’，才是严格意义上的‘中国美学’”。[②]

从学术背景上看，高建平教授本身具有非常优异的西方美学背景，在中国当代美学研究中，他是为数不多的对西方美学的整体发展过程有着系统把握的学者。同时，高建平教授也对中国美学与艺术的现实与经验有着深刻体验与充分的研究，[③] 正是在对中西美学研究的历史与现实有着直接而深刻的体验，才使他对“中国美学”的理论建构具有难能可贵的自觉意识。这种自觉意识对中国当代美学研究不仅仅是一种个人之见，更主要的是，它切合了中国美学的历史性的任务，同时，更深入地反思了中国美学

---

① 高建平：《全球与地方：比较视野下的美学与艺术》，北京大学出版社2009年版，第21页。

② 同上书，第12页。

③ 张冰：《建构现代形态的中国美学》，载高建平《全球与地方：比较视野下的美学与艺术》，北京大学出版社2009年版。

研究的发展方向问题，文化多样性的现实让中国当代美学研究在多元的历史语境中显得更加在复杂，在众声喧哗中，这份严肃的理论思考给我们的启发正在于让我们更加深入地面对现实。

四 “美学的复兴”与新的“做”美学的方式

那么，从“美学在中国”到“中国美学”的理论建构之路何在呢？高建平教授在这方面也展现出了积极的思考。他提出，首先要改变“做”美学的方式。在他看来，美学这个学问我们曾将它想得很抽象、神秘、高不可攀，其实它是从一些很简单，很具体的问题开始的。他强调的是美学研究中审美经验在批评和理论中的地位，并以此反思“美学的复兴”的意义。“美学的复兴，并不只是说，我们曾经有过‘美学热’，后来，美学变‘冷’了，现在呼吁它再次变‘热’。或者说，将‘热’的标准定义为：美学书可以发行多少本？美学的新书有多少种？美学研究生投考人数有多少？美学课在大学里受欢迎的程度？如此等等。这一类数量的指标还只是外在的，相比之下，更重要的是做美学的方式发生变化。”①

什么是新的“做”美学的方式？用新的方式“做”美学，第一，要剔除伪问题，美学家们要改变姿态。在他看来，思辨的美学家们赞美旁观，要凝神观照；分析的美学家们赞美间接性，只对批评的术语进行分析，而“今天的美学，需要的是一种‘介入’的态度。美学要介入到艺术的创作和欣赏，介入到艺术的发展之中，介入到城市、乡村的再造和环境的保护之中。所谓的日常生活审美化，就要从这里做起”②。第二，要面对文化多样性的语境。中国美学不仅需要反思和清理自己的文化和艺术传统，更需要在面对生动而真实的艺术世界与审美现实中展现自身的理论特色，在结合中国美学的历史与现实的过程中拓展当代美学格局，“美学要经过而不是拒绝文化研究。这种美学研究，是文化研究的哲学化，同时

① 高建平：《“美学的复兴”与新的做美学的方式——兼论新中国60年美学的发展与未来》，《艺术百家》2009年第5期。

② 同上。

也为审美经验重新回到人们关注的中心位置提供了条件。"[①] 第三，需要分析文化多样性背后的美学依据，在文化多样性的历史语境中重新探寻中国美学建构的理论路径和方式。高建平提出："在中国这样一个国家，任何外来的影响，都必须具有一个相当长的与中国的情况结合、在中国语境中发展的过程。有时，一个西方的思想在中国所起的作用，与在西方完全不同。一个在西方相当古典的思想，在中国却具有现代的意义；相反，一个在西方相当现代的思想，在中国却起着保守的作用。在一个全球化的时代，中国的美学发展走什么样的道路？我们要继续翻译西方美学著作，我们也要继续研究中国古代美学，特别注重在一个当代的世界美学的背景中研究，从而将中国传统引入到当代世界美学的对话之中。但是，我们更重要的是，发展与中国的当代文学艺术发展状况相适应的中国当代美学。"[②] 中国美学的发展与西方美学显然有着不同的历史条件与现实境遇，消化、吸收西方美学资源是必要的，但更重要的还是创造与革新，这就需要我们认真面对"全球"与"地方"的关系，思考为"为地方的地方"与"为全球的地方"的不同表达形式及其美学意义，很显然，在这方面，高建平的美学思考已经走在了前面。第四，通过世界美学交流与对话，走出"美学在中国"，建立"中国美"的意识。这方面也是高建平近年来主要从事的美学工作之一。他不仅从学理层面上积极探索如何在世界美学的对话中建构中国美学的学理内容，同时更以实际的美学交流工作寻求发展中国美学的契机。在他看来，"通过美学上的国际对话，我们一方面可能了解当代国际美学的新的成果，另一方面，也可以在一种对话的语境中重新省视我们自身的文化遗产，建设我们自己的具有当代性的理论。这种建设，对于国际美学的发展，也是有着重大的意义的。"[③] 他说："我们也可以建立一种普世性。相对于过去西方人建立的普世性，这是另一种普世性。普世性也可以是复数的。世界文化的多样性最终会由于国际文化交流的日益普

① 高建平：《发展中的艺术观与马克思主义美学的当代意义》，《文学评论》2011 年第 3 期。

② 高建平：《中国美学三十年》，《四川师范大学学报》2007 年第 5 期。

③ 高建平：《全球与地方：比较视野下的美学与艺术》，北京大学出版社 2009 年版，第 12 页。

遍，越来越变得你中有我，我中有你，而成为世界文化的多元性。"① 高建平的美学研究正行进在这样一种建设的路途上，他的实践在某种程度上更加超出了学理建构的意义，而真正地融入了那种"介入"的美学之中了。第五，他强调发展的艺术观与马克思主义美学的意义，重视马克思主义美学当代遗产，并以马克思主义美学的思想与立场呼应当代审美文化现实，从而展现出了深刻的当代立场。在他来看，19 世纪中期和后期马克思和恩格斯关于文学艺术的许多论述和通信，具有特别重要的意义："这是一笔宝贵的财富，在当代美学走出康德，与杜威和其他一些当代西方美学对话的语境中，有着特殊的价值。艺术要批评生活，揭示历史规律，塑造理想，表现典型环境中的典型人物，在商品拜物教的洪流中注入反异化的力量，这些思想尽管已经过了一百多年，仍使我们感到亲切和富有启发，成为当代美学建构的最重要的思想源泉。"② 他进而认为：

> 无论是消费社会和媒介科幻主义，都是发展中迷航的表现。对此，我认为还是应该回到马克思的思路：物质财富生产的发展，并不一定就有精神产品的生产与之直接对应；但是，物质财富生产所带来的社会变化需要精神产品的生产来对它进行相应的调整、制约和平衡。
>
> 艺术应该成为生活的解毒剂而不是迷幻药。当日常生活中到处有美之时，艺术所提供的，应该是力量和警示；当信息技术的发展造成了"媒介即艺术"的幻象时，还是要坚持文学是人学，艺术是人的艺术这些古老的观点；当消费驱动下奢华之风不止之时，艺术要展示，那不是品味！
>
> 这是一种介入的美学。美学家不能扮演书报检查官的角色，对艺术横加干预，而应该通过对话的方式对艺术评述；美学可以通过阐释艺术本质和定义的方式，给社会所需要的艺术提供支持；更重要的

① 高建平：《全球与地方：比较视野下的美学与艺术》，北京大学出版社 2009 年版，第 13 页。

② 高建平：《发展中的艺术观与马克思主义美学的当代意义》，《文学评论》2011 年第 3 期。

是，美学应回到一种批判的立场，在论争中使自身得到发展。经济在发展，社会在进步，人民在过上有尊严的生活的同时，也需要过上有品位的生活。这是当代美学的追求，这也是艺术的使命。①

与那些更具学院派特征的美学理论研究相比，高建平的美学研究更重视艺术实践的现实研究与问题意识，他坚持："只有接触到问题，抓住问题不放，解决问题或使问题在通向其解决的路上向前迈进了一步，才更有意义，才能形成理论的生长点。"② 中国美学的当代立场，或者，正如他所说，在当代文化语境中，我们的美学立场不该再将美学上的一种普遍真理与一国之具体文化特点相结合，而应该寻找被西方的美学实践所掩盖了的另一种普遍真理。我们不能说他已经为我们找到了一种明确的方向和途径，但这种理论探索与艺术实践无疑是重要的，这也正是全球化与文化多样性语境中中国美学应该采取的立场，唯有此，我们才有机会庆贺美学的一个新的黄金时代的来临。

（原载《文艺争鸣》2015 年第 6 期）

① 高建平：《发展中的艺术观与马克思主义美学的当代意义》，《文学评论》2011 年第 3 期。
② 高建平：《理论的理论品格与接地性》，《文艺争鸣》2012 年第 1 期。

审美幻象与美学研究的现代视野
——王杰《马克思主义与现代美学问题》析论

20世纪后半期以来，当代美学研究进入了一个“瓶颈”阶段。理论话语研究的进一步深入遭到了有效性和共识性的挑战，理论、思潮、方法、思想、观念的争辩普遍缺乏深刻触及问题实质的求是精髓；对异域思潮的介绍、引进和移植忽略了与中国当代审美文化现实的有效磨合。这些弊病的存在影响了对一些问题的深入探讨，甚至让我们在长期的描述性研究中逐渐丧失了辨析问题真伪的能力。另外，审美文化现实快速进入了一个极度感性化、肉身化和平面化的历史时段，种种“解构”的力量时时刻刻地在冲击着“无边的轻与重”“永恒的生与死”等那些展示人类思想与个性的意义领域。深刻的片面、断裂的冲动、平滑的思想制造了美学研究的基础性和价值性危机。美学研究要突围，作为人文学术核心的美学要继续担当人类文化精神和生存理想的航标，就必须在理论话语的紧张和现实情境的混乱之中重塑现代品格和时代意识。

现代美学体系的建立是必需的。在历史与现实、传统与现代、审美与存在的纠葛空间中探索建立现代美学体系的人文研究是十分必要而迫切的。从这种意义上说，王杰先生的近著《马克思主义与现代美学问题》无疑是当代美学研究中一份可喜的成果。多年以来，王杰先生一直致力于美学基础和建构现代美学体系的研究工作，对美学学科的学理依据、审美态度的二重性、审美变形的转换机制、审美需要的隐蔽特征以及审美幻象的表达逻辑等问题都曾有实质性的研究。在《马克思主义与现代美学问题》中，他冷静地站在马克思主义的文化立场上，全面审视后现代主义文化的精神特征，以扎实缜密的问题意识和严肃认真的研究态度努力探索建立现代美学体系的理论方案，他提出和思考的问题是非常有针对性和启发性的，同时也是值得我们认真对待的。

一　审美幻象与审美变形：马克思主义美学的现代课题

早1995年出版的《审美幻象研究》中，王杰先生就提出："当代中国美学的出路决不在于理论屈从于现实，而在于它自身的彻底性和科学性。只有认识到这一点，我们才有权力重复马克思引用过的著名格言，把理论研究比喻为进入现实的入口处。"[①] 这是一种恰如其分的总结。从当前美学研究的现实看，理论研究的困惑是多重的。一个明显的征兆是，理论探索在文化转型期间的多重的精神向度中失却了把握现实的能力，在人们面临着多种文化悖论之时，理论话语失去了它本该具有的导向意义。正因为如此，现代人文学术研究才都不由自主地把审视的目光投向了现代社会人性的分裂、人的欲望的失衡、现代文化精神的断裂以及现代人生活境遇的沉沦和冷寂。作为一位现代人文学者，王杰先生敏锐地意识到了这样一种现实。贯穿在他的《马克思主义与现代美学问题》一书中的一个核心的主题就是：在马克思主义文化立场的烛照下，全面剖析现代社会生产关系中主体的文化创伤，探索现代人文学术通过重建欲望与对象的深刻联系来修复这种文化创伤的主要手段，从而在美学意义上继续探索马克思的未竟事业。

可以说，"通过审美幻象来修复文化创伤，通过艺术来解决'历史的必然要求和这种要求无法实现'的现实矛盾"[②] 这一充满悲剧意味的文化要求一直以来都是现代人文研究难以回避的问题之一，同时也是马克思主义美学在现代文化语境中一个核心课题。王杰的思考正是延续了这样一种思考的向度，他深入研究了现代审美文化空间中的种种断裂的现实和破碎的历史镜像，主要通过对审美幻象和审美变形问题的思考，来探讨马克思主义美学这一现代课题。

在现代人文学术研究领域，关于审美幻象问题的理论表述，有许多不尽相同的范畴和概念，比如海德格尔和萨特的"虚无"、精神分析理论中

① 王杰：《审美幻象研究》，广西师范大学出版社1995年版，第4页。

② 王杰：《马克思主义与现代美学问题》，人民文学出版社2004年版，第198页。

的“幻觉”、弗雷泽和柏格森的“影像”、西方马克思主义的“特殊意识形态”，等等。在以往的研究中，学者们都重视审美幻象作为现实生活经验表征机制的重要意义，纷纷以之为媒介观照现代审美文化转型期的种种矛盾和对立性的现实关系组合，并以此批驳现实的“异化”。但是，学者们却很少正面回答它的价值。在现代美学研究历程中，当现代美学用精心构筑的“内在世界”来抵御外在世界的设想显得苍白和软弱无力之时，审美幻象问题又代表了一种现代人文学科的理论研究不得不改弦更张的悲剧结局。王杰的思考首先是从这样一种现实出发的，但他更注重对审美幻象的美学价值的正面思考，他精辟地向我们阐述了审美幻象问题研究在现代人文学术研究中的意义：

> 一种较为普遍和流行的看法认为，把理论视野从艺术的真实性问题转向审美幻象领域，是人文科学对现代社会生活丧失自信的一种表现；我看来，这种理论转折是人类对自身命运仍具有信念的证明，也是对理想生活的更进一步的追求。正如对宗教偶像的亵渎和玷污曾经是对新生活的一种朦胧的追求一样，关于审美幻象及其变形机制的思考也是一种真理的追求。①

这样一种思考是建立在历史分析的基础上的。从美学角度看，审美幻象问题主要代表了一种文化交流机制，对它的研究，需要哲学观和方法论的系统配合。在20世纪西方美学的视野中，使审美幻象问题的研究得以不断推进的是现代心理学的成果。弗洛伊德的精神分析学说在某种程度上是审美幻象问题研究走向深入的一个关键。弗洛伊德的贡献在于从审美需要的层面上拓展了现实投射的对象化空间，从而为审美幻象问题提供了现实基础之外的另一种阐释维度；而荣格关于原始意象的研究和拉康关于想象界的系统理论，则使审美幻象问题的研究获得了对象性的目标。拉康的“镜像阶段”理论使我们认识到审美幻象问题不是一个纯净的超验空间，

① 王杰：《马克思主义与现代美学问题》，人民文学出版社2004年版，第31页。

而是充满了矛盾和痛苦的心理世界的外在化表现，它是主体内心世界与外在现实世界相互沟通和转化的中介。拉康的理论在某种程度上是向弗洛伊德更深刻的复归。在这种复归中，审美幻象问题表征现实世界矛盾性和分裂性的特征日益明显，同时在它所包含的问题中，其美学价值也日益突出。《马克思主义与现代美学问题》在系统分析审美幻象问题的心理学解释的过程中，充分肯定了弗洛伊德和拉康在审美幻象问题研究中的强劲有力的结论，但作者同时也向我们指出，心理学在审美幻象问题上的解释是有限的，因为在审美幻象的问题上，虽然精神分析理论无论在实证分析和微观剖析方面都是一种有效的手段和方法，但却不具有本体论方面的意义，“在弗洛伊德那里，当他试图把精神分析方法上升到哲学高度的时候，他的理论前提中的巨大矛盾已经决定着这种努力必然要失败。”[①] 而“解决这种矛盾的办法是把现代美学问题置放到历史发展的客观基础上，也就是说，关于现代美学的成功思考应该以马克思主义理论的前提为前提”[②]。

这是作者在思考马克思主义美学的现代课题过程中所得出的结论。这样的结论是符合历史发展的必然逻辑的，同时也展现了作者思考现代美学问题的宽阔视域。作者向我们指出：“现代美学应该通过改变人们对审美关系的理解而间接地改变现实。”[③] 这正是马克思主义美学对现代美学的重要启示。马克思主义美学是在近代美学的深刻危机中产生和发展的，它的基本内涵是展现意识形态话语实践中人们的现实审美关系及其物化形态，在具体的艺术实践领域，主要是通过种种变形机制，表征出现实生活关系的矛盾性和复杂性，因此，马克思主义美学对审美幻象问题极为重视。在马克思主义美学看来，研究审美幻象问题的根本意义，不是为了说明审美幻象问题的生理学和心理学基础，更不是为了展现人类审美文化发展历程的悲剧性主题，审美幻象的深刻的人文价值在于，它凝聚了社会和历史发展过程中的种种革命性的能量，而我们则可以通过对它的研究更好

---

① 王杰：《马克思主义与现代美学问题》，人民文学出版社 2004 年版，第 42 页。

② 同上。

③ 同上书，第 46 页。

地揭示历史与现实交会中的矛盾状态，从而把握一定社会发展的主要方向。在审美幻象的表征机制中，文学与艺术（也就是情感话语实践）扮演了重要的角色，因此，马克思主义美学也启发我们，真正切入问题实质的研究就不能仅仅看到情感话语实践在审美关系中的基础性作用，或者只强调审美变形对主流意识形态的颠覆和破坏，而应该在这些问题研究的基础上，总结现实生活关系的特征，同时面对现实生活情境中的各种挑战。王杰先生正是在这样的视角下开始“马克思主义与现代美学问题”这一重大课题的研究的，他的思考让我们看到，现代社会中，审美幻象已经折射出了种种矛盾和分裂的现实表象，现代美学在这个问题上已经危机重重，美学要在这个特殊的历史阶段把握人类审美文化发展的方向，就必须面对沉重的现实，这其中就包括甚嚣尘上的后现代主义文化景观。

二　肉体、欲望与媒介：后现代主义与马克思主义美学的表达机制问题

通过审美幻象与审美变形机制的历史考察，《马克思主义与现代美学问题》关心的是现代审美文化发展历程中马克思主义美学的价值及其实现问题。可以说，这是一个重大的理论问题，同时也是一个应该引起我们更广泛思考的现实问题。一种突出的情形是，在现代审美文化视野中，人们情感表达的通道并不是随着现代科技的发展更顺畅，而是更加陷入了窘境，这是与后现代主义文化价值观念的影响分不开的。作为一种社会文化思潮，后现代主义对当代审美文化领域的冲击是巨大的，它借助于各种审美幻象肢解情感与肉体的恒定性与整体性，在审美空间塑造了诸多相互独立的松散杂乱的主体，并以此张扬审美感性的巨大威力。但是，这种感性需要的张扬是混乱的，因为，后现代主义不仅强化了感性身体的生产功能和技术功能，不仅把世界转变为身体的器官，而且在差异、片面对立、均质主体的呼声中，依赖巨大的市场逻辑之手，把欲望、感性、消费推广到了极致，而就在后现代主义文化对欲望、感性和消费的追逐和满足中，主体感性和理性却处于更大的分裂当中，主体的情感表达机制也因而深深地陷入困顿。

《马克思主义与现代美学问题》重视后现代主义文化氛围中的审美感

性的现实情形，并深入思考美学在充满对抗性冲突社会中的批判与救赎功能。在作者来看，在后现代主义文化的废墟上生成了许多消极的东西，审美幻象作为人们掌握世界的一种基本的方式，在后现代主义文化价值观和主体观的干预下，随时都存在着断裂的危机。在这种情形下，美学应该责无旁贷地承担人文批判和救赎现实的功能。“在后现代文化条件下，肉体已经成为废墟，美学决不应该仅仅满足于成为一门‘感性学’，它更应该思考灵魂的拯救及其现实的基础。”[①] 作者指出，在后现代主义文化语境中，我们应该重视马克思的理论贡献，努力在马克思主义的思想资源中寻求超越性的途径。作者提醒我们要进一步挖掘马克思主义美学的表达机制的现实意义，努力在审美话语内涵的内在分裂中探析审美意识形态的张力意义，从而为现代美学的发展拓展现实空间。这既体现了作者鲜明的人文责任感和现代审美观，同时也指出了马克思主义美学在后现代文化语境中的重要意义。

从马克思主义美学诞生的那一天起，它就一直强调审美与实践的同一，并与主体的分裂以及过分强化的感性需要作斗争。马克思的《1844年经济学—哲学手稿》曾深刻地向我们揭示现代社会的无与伦比的创造力是如何在制造了物质欲望的极大膨胀的同时又造成了主体欲望的深刻分裂的。马克思主义美学正是看到了人类在现代社会付出的这种惨重的代价，所以才积极地在人的身体的感性和理性和谐统一的基础上倡导一种感性的科学。在后现代主义文化崛起的过程中，马克思主义美学深刻关注的身体感性问题变得更加突出了。在后现代主义文化发展中，欲望的恣肆、肉体的泛滥与媒介的阻碍已经影响了当代审美文化的正常表达与交流，同时，人们情感话语实践的感性意义已经被异化的现实挤对到了分裂的边缘，因此，如何真正在感性和谐的意义上重塑审美感性的现实功能就是一个迫切的问题了。正是在这个意义上，《马克思主义与现代美学问题》向我们提出，我们应该重视审美话语的历史语境，回到马克思主义的提问方式，重建欲望与对象之间的深刻联系，从而进一步发挥审美话语的本体性意义。

① 王杰：《马克思主义与现代美学问题》，人民文学出版社2004年版，第208页。

同时作者也提出："在充满分裂和对抗性冲突的社会中，盗火者给现实秩序带来的危机恰恰是超越现实内在危机的一种希望。"① 对于后现代主义，作者也并非视之为"洪水猛兽"，作者正是以此来提醒我们："把社会的现代化过程置于一定的历史阶段，对它的不合理性提出批判和质疑，这就是马克思所理解的现代性。"② 历史的发展锐不可当，欲望与对象之间和谐关系的破坏与重建的矛盾正是审美话语的内在的精神魅力，这同时也是人类审美文化发展中的一种充满悲剧性的文化要求。作者在"东方情调"的美学阐释中发现了这种悲剧性文化要求的旺盛的艺术潜力，并以此来探求中西美学的差异及其共同点，进而探讨了现代形态的马克思主义美学体系的建设问题。

三 "余韵"：东方美学的表达机制以及马克思主义美学的中国特色问题

现代美学发展到20世纪90年代，它所要应对的问题更加复杂了。伴随着现代社会商业步伐的加速和现代生活中消费比重的提升，人们感性的审美空间更加丰富，同时也更加世俗化和欲望化。这种情形的出现必然要求美学研究从对理性世界的沉思调转路向，更多地关注现实审美文化的发展空间。

后现代主义文化的兴起是美学发展方向发生逆转的因素之一，但后现代主义文化的理念与美学的内在精神却是冲突的，特别是后现代主义文化兴起过程中的欲望危机和世俗性冲动更是美学精神所深为警惕的。可是，警惕归警惕，在当代审美文化发展过程中，欲望的强大力量已经在人们的心中投下了巨大的阴影，欲望表达与体验已经占据了个体情感经验的大部分空间，所以，现代美学研究必须实事求是地面对具体的情感表达实践，在透析当代审美文化发展现状的过程中，探索现代美学的超越性途径。这也是《马克思主义与现代美学问题》一书所触及的问题之一。作者王杰先生在深深思考现代美学所面临的困境的同时，不仅注意从西方马克思主义

① 王杰：《马克思主义与现代美学问题》，人民文学出版社2004年版，第60页。

② 同上书，第149页。

美学发展历程中寻求资源，而且更注重从中国当代艺术实践中寻找解决问题的途径，提出了富有启发性和建设性的意见。

在作者来看，中国当代文学在传统和外在文化的双重压力下，并没有彻底崩溃而陷入西方后现代主义文化的“表征性的危机”之中，而是在特殊的现实境遇中形成了一种内在的文化凝聚力，在文学方面则表现为“余韵”风格的形成。

“韵”是一个来自中国古典美学传统的概念，其内涵取自中国传统文化特质中那种充满了流动性、含蓄性的“远出”境界。作者从中国古典美学的审美表达机制中提取了这个概念，并把它做了审美幻象意义上的引申，用“余韵”这个概念概括一定社会生活关系中的审美特点。作者具体考察了《白鹿原》《没有语言的生活》《围龙》《野草》等一批中国当代文学作品以及《香魂女》《疯狂的代价》《青春无悔》等影视作品，从中发现了中国当代文学的“余韵”风格：以一种断裂、荒败的艺术形象，把过去、现实和未来重新整合在一起，以冷淡、虚静、拒绝性和绝望的形式，传达出对某种虽然微弱得不易分辨但却充满魅力的东西的热烈追求，从而表征出历史的内在连续性和文化整体性的强有力的声音。

这种概括已经深深打上了审美意识形态的话语印记。在审美意识形态的话语空间中，中国当代文学艺术实践以那种“宁静的悲怆”的美学风格展现出了多重叠合性和多元矛盾关系，体现了中国审美文化特质中那种特有的张力：一种坚忍、破碎、悲悯但不失生动、性情与博大的崇高情怀。王杰先生的这种概括是非常有特色的，同时也是充满了美学上的生动和韵味的。他的概括并非是想要在“文学”的层面上再造一种“东方情调”的审美奇观，而是在深层的意义上启发我们思考“在理论上证明了现代化进程与资本主义文化意图的某种联系之后，我们是否仍然拥有属于自己的声音?”[①] 他试图向我们说明“物质的压力、文化的压力、被‘后殖民’的压力都不是坏事，在一定条件下可以转化为好事，它使凝固的民族文化（包括古典文化）重新流动，使艰难生活中的人们获得了深层的交流，从

① 王杰：《马克思主义与现代美学问题》，人民文学出版社 2004 年版，第 185 页。

而有可能奇迹般地超越压迫者。"[①] 可以说，类似这样的声音在当代文化研究舞台上是有过激烈的争辩的，但是，争辩的结果却好像不尽如人意。经过了长时期的文化论争之后，"后殖民主义"的文化幻象要么是被裹挟着浓重的"激愤"情绪的"文化民族主义"所感染，要么仍然是深深地在"被看"的"惶恐"中为"文化虚无主义"所笼罩，我们缺少的是那种以冷静的分析和客观的态度面对复杂的声音和多重的幻象、重视我们的审美问题的现实背景和发展现状的特殊性的理论研究。王杰先生的思考把对中国当代文学问题的分析纳入了探索现代美学体系的一个重要的组成部分，不但在理论的层面上强调了中国当代文学生产方式的特殊性，概括了马克思主义文学理论的中国特色；而且在实践的层面上，使审美幻象问题研究落实在具体的问题语境中，那种从一个学者的立场出发对具体问题进行批判性清理的底气和积极应对现实的勇气，是值得我们敬佩的，同时给我们的启发也是巨大的。

霍克海默说："艺术作品是唯一能使个人被遗弃的情形和绝望充分地对象化的东西。"[②] 处于尖锐文化冲突之中的中国当代文学不仅仅是对象化了人们被遗弃的绝望，同时更展现出了向历史追溯，向现实开掘，向未来展望的勇气。艺术的光芒永远向人们绽放，破碎的历史镜像仍然表征出现实审美关系中幻化的美丽。在缤纷的文化景观中，《马克思主义与现代美学问题》以敏锐犀利的意识、扎实严谨的态度，突入审美幻象的理论空间，介入当代审美文化现实，为拓展现代美学的发展空间做了有益的研究，提出了具有启发性和建设性的意见。作者指出，建立现代形态的马克思主义美学体系，起码有三种要求：

> 首先，现代形态的美学体系必须超越二元分裂的理论框架，建立能够真正沟通现实和文化中各种分裂和对立的理论体系。
>
> 其次，现代形态的美学体系必须超越理论与实践相分离，能指和

① 王杰：《马克思主义与现代美学问题》，人民文学出版社 2004 年版，第 160 页。

② ［德］霍克海默：《批判理论》，李小兵等译，重庆出版社 1993 年版，第 264 页。

所指相分离的畸形现象。现代形态的美学体系必须与历史科学联系起来，必须与人类学研究联系起来。

再次，现代形态的美学体系必须克服长期以来美学所处的被动地位，在改造世界的现实行动中发挥积极的作用。[①]

我们可以看到，这样一种影响深远意义重大的人文工作，已经蓬勃地开展起来了，而作者无疑走在了前列。

（原载《马克思主义美学研究》，中央编译出版社 2006 年版）

① 王杰：《马克思主义与现代美学问题》，人民文学出版社 2004 年版，第 241 页。

参考书目

一 西方美学与批评理论研究

[德] 黑格尔:《美学》,朱光潜译,商务印书馆 1979 年版。

[德] 黑格尔:《小逻辑》,贺麟译,商务印书馆 1980 年版。

[德] 黑格尔:《哲学史讲演录》,贺麟、王太庆等译,商务印书馆 1959 年版。

[德] 康德:《实践理性批判》,邓晓芒译,商务印书馆 1960 年版。

[德] 康德:《判断力批判》,邓晓芒译,人民出版社 2002 年版。

[奥] 弗洛伊德:《弗洛伊德文集》,王嘉陵等编译,东方出版社 1997 年版。

[英] 考德威尔:《考德威尔文学论文集》,陆建德等译,百花洲文艺出版社 1995 年版。

[法] C. 克莱芒等:《马克思主义对心理分析学说的批评》,金初高译,商务印书馆 1987 年版。

[德] 尼采:《悲剧的诞生》,周国平译,生活·读书·新知三联书店 1986 年版。

[德] 尼采:《看哪这人》,张念东等译,中央编译出版社 2000 年版。

[法] 拉康:《拉康选集》,褚孝泉译,上海三联书店 2001 年版。

[德] 马克斯·韦伯:《学术与政治》,冯克利译,生活·读书·新知三联

书店 1999 年版。

［法］波德莱尔：《现代生活的画家》，郭宏安译，浙江文艺出版社 2007 年版。

［德］比格尔：《先锋派理论》，高建平译，商务印书馆 2002 年版。

［美］马歇尔·伯曼：《一切坚固的东西都烟消云散了》，徐大建等译，商务印书馆 2003 年版。

［美］贝斯特等：《后现代理论：批判性的质疑》，张志斌译，中央编译出版社 2001 年版。

［美］马泰·卡林内斯库：《现代性的五副面孔》，顾爱彬等译，商务印书馆 2002 年版。

［加拿大］泰勒：《现代性之隐忧》，程炼译，中央编译出版社 2001 年版。

［美］斯蒂文·贝斯特等：《后现代理论——批判性的质疑》，张志斌译，中央编译出版社 1999 年版。

［德］贝克、［英］吉登斯、［英］拉什：《自反性现代化》，赵文书译，商务印书馆 2001 年版。

［美］芬伯格：《可选择的现代性》，陆俊译，中国社会科学出版社 2003 年版。

［加拿大］查尔斯·泰勒：《现代性之隐忧》，杨文贵译，中央编译出版社 2001 年版。

［美］大卫·格里芬：《后现代精神》，王成兵译，中央编译出版社 1998 年版。

［加拿大］琳达·哈琴：《后现代主义诗学：历史·理论·小说》，李杨等译，南京大学出版社 2009 年版。

［法］让·波德里亚：《消费社会》，刘成富等译，南京大学出版社 2001 年版。

［英］迈克·费瑟斯通：《消费文化与后现代主义》，刘精明译，译林出版社 2000 年版。

［英］阿兰·斯威伍德：《大众文化的神话》，冯建三译，生活·读书·新知三联书店 2003 年版。

［英］克里斯·巴克：《文化研究：理论与实践》，孔敏译，北京大学出版社 2013 年版。

［美］约翰·费斯克：《解读大众文化》，杨全强译，南京大学出版社 2004 年版。

［美］尼尔·波兹曼：《娱乐至死》，章艳译，广西师范大学出版社 2004 年版。

［美］马克·波斯特：《第二媒介时代》，范静哗译，南京大学出版社 2001 年版。

［法］尼古拉·埃尔潘：《消费社会学》，孙沛东译，社会科学文献出版社 2001 年版。

［德］沃尔夫冈·韦尔施：《重构美学》，陆扬等译，上海译文出版社 2002 年版。

［美］埃伦·迪萨纳亚克：《审美的人：艺术来自何处及原因何在》，户晓辉译，商务印书馆 2004 年版。

［英］安妮·谢泼德：《美学：艺术哲学引论》，艾彦译，辽宁教育出版社 1998 年版。

［法］奥利耶维·阿苏利：《审美资本主义：品味的工业化》，黄琰译，华东师范大学出版社 2013 年版。

［英］奥斯汀·哈灵顿：《艺术与社会理论——美学中的社会学论争》，周计武等译，南京大学出版社 2010 年版。

［法］居依·德波：《奇观社会》，王昭风译，中国人民大学出版社 2005 年版。

［美］丹尼尔·贝尔：《资本主义文化矛盾》，赵一凡等译，生活·读书·新知三联书店 1992 年版。

［美］丹尼尔·贝尔：《意识形态的终结》，张国清译，江苏人民出版社 2001 年版。

［德］西美尔：《金钱、性别、现代生活风格》，刘小枫译，学林出版社 2000 年版。

［英］拉雷恩：《意识形态与文化身份：现代性和第三世界的在场》，戴从

容译，上海教育出版社 2005 年版。

[德] 瓦尔特·本雅明：《机械复制时代的艺术作品》，王才勇译，中国城市出版社 2002 年版。

[匈] 阿诺尔德·豪泽尔：《艺术社会史》，黄燎宇译，商务印书馆 2015 年版。

[美] 阿瑟·C. 丹托：《美的滥用：美学与艺术的概念》，王春辰译，江苏人民出版社 2007 年版。

[英] 彼得·伯克：《图像证史》，杨豫译，北京大学出版社 2009 年版。

[美] 布洛克：《美学新解》，滕守尧译，辽宁人民出版社 1987 年版。

[瑞士] 奥特：《不可言说的言说》，林克等译，生活·读书·新知三联书店 1994 年版。

[美] 卡罗尔：《超越美学》，李媛媛译，商务印书馆 2006 年版。

[加] 埃克伯特·法阿斯：《美学谱系学》，阎嘉译，商务印书馆 2011 年版。

[荷] 佛克马、易布斯：《二十世纪文学理论》，林书武等译，生活·读书·新知三联书店 1988 年版。

[德] 汉斯·科赫：《马克思主义和美学》，佟景韩译，漓江出版社 1985 年版。

[美] 霍华德·S. 贝克尔：《艺术界》，卢文超译，译林出版社 2014 年版。

[英] 贾斯汀·奥康诺：《艺术与创意产业》，王斌等译，中央编译出版社 2013 年版。

[日] 今道友信编：《美学的将来》，樊锦鑫等译，广西教育出版社 1997 年版。

[英] 凯·贝尔塞等：《重解伟大的传统》，黄伟译，中国社会科学出版社 1991 年版。

[美] 理查德·舒斯特曼：《实用主义美学》，彭峰译，商务印书馆 2002 年版。

[美] 林赛·沃斯特：《美学权威主义批判》，昂智慧译，北京大学出版社 2000 年版。

[美] 马丁·杰伊:《法兰克福学派史》,单世联译,广东人民出版社 1996 年版。

[德] 霍克海默、阿多诺:《启蒙辩证法》,渠敬东等译,重庆出版社 1993 年版。

[德] 霍克海默:《批判理论》,李小兵等译,重庆出版社 1993 年版。

[德] 阿多诺:《否定的辩证法》,张峰译,重庆出版社 1993 年版。

[德] 阿多诺:《美学理论》,王柯平译,四川人民出版社 1998 年版。

[美] 马尔库塞:《审美之维》,李小兵译,广西师范大学出版社 2001 年版。

[英] 佩里·安德森:《西方马克思主义探讨》,高铦等译,人民出版社 1981 年版。

[英] 雷蒙·威廉斯:《电视:科技与文化形式》,冯建三译,(台北)远流出版公司 1994 年版。

[英] 雷蒙·威廉斯:《关键词:文化与社会的词汇》,刘建基译,生活·读书·新知三联书店 2005 年版。

[英] 雷蒙·威廉斯:《文化与社会:1780—1950》,吴松江等译,北京大学出版社 1991 年版。

[英] 雷蒙·威廉斯:《现代悲剧》,丁尔苏译,译林出版社 2007 年版。

[英] E. P. 汤普森:《英国工人阶级的形成》,钱乘旦等译,译林出版社 2006 年版。

[美] 詹姆逊:《快感:文化与政治》,王逢振译,中国社会科学出版社 1998 年版。

[美] 詹明信:《晚期资本主义的文化逻辑》,陈清侨等译,生活·读书·新知三联书店 1997 年版。

[美] 詹姆逊:《政治无意识》,王逢振等译,中国社会科学出版社 1999 年版。

[美] 杰姆逊:《文化转向》,胡亚敏等译,中国社会科学出版社 2000 年版。

[英] 伊格尔顿:《审美意识形态》,王杰等译,广西师范大学出版社 2001

年版。

[英] 伊格尔顿:《当代西方文学理论》,王逢振译,中国社会科学出版社 1988 年版。

[英] 伊格尔顿:《历史中的政治、哲学、爱欲》,马海良译,中国社会科学出版社 1999 年版。

[英] 伊格尔顿:《后现代主义的幻象》,华明译,商务印书馆 2000 年版。

[英] 伊格尔顿:《文化的观念》,方杰译,商务印书馆 2003 年版。

[英] 伊格尔顿:《瓦尔特·本雅明或走向革命批评》,郭国良等译,译林出版社 2005 年版。

[英] 托尼·本尼特:《本尼特:文化与社会》,王杰等译,广西师范大学出版社 2007 年版。

[法] 利奥塔:《后现代性与公正游戏——利奥塔访谈》,谈瀛洲译,上海人民出版社 1997 年版。

[法] 利奥塔:《非人》,罗国祥译,商务印书馆 2000 年版。

[澳] 格雷姆·特纳:《英国文化研究导论》,唐维敏译,亚太图书出版社 2000 年版。

[美] 艾布拉姆斯:《镜与灯:浪漫主义文论及批评传统》,郦稚牛等译,北京大学出版社 2004 年版。

[苏联] 巴赫金:《陀思妥耶夫斯基诗学问题》,白春仁等译,生活·读书·新知三联书店 1988 年版。

[加] 弗莱:《批评之路》,王逢振等译,北京大学出版社 1998 年版。

[美] 艾略特:《艾略特文学论文集》,李赋宁译,百花洲出版社 1997 年版。

[美] 韦勒克、沃伦:《文学理论》,刘象愚等译,生活·读书·新知三联书店 1984 年版。

[美] 卡勒:《文学理论》,李平译,辽宁教育出版社 1998 年版。

[美] 莫瑞·克里克:《批评旅途:六十年代之后》,李自修等译,中国社会科学出版社 1998 年版。

[法] 茨维坦·托多洛夫:《批评的批评》,王东亮等译,生活·读书·新

知三联书店2002年版。

[美] 哈罗德·布鲁姆:《影响的焦虑——一种诗歌理论》，徐文博译，江苏教育出版社2006年版。

[法] 蒂博代:《六说文学批评》，赵坚译，生活·读书·新知三联书店2002年版。

[法] 多斯:《从结构到解构：法国20世纪思想主潮》，季广茂译，中央编译出版社2004年版。

[法] 法约尔·罗杰:《批评：方法与历史》，怀宇译，百花文艺出版社2002年版。

[德] 沃尔夫冈·伊瑟尔:《怎样做理论》，朱刚译，南京大学出版社2008年版。

[法] 德里达:《文学行动》，赵兴国等译，中国社会科学出版社1998年版。

[德] 卡尔·雅斯贝斯:《时代的精神状况》，王德峰译，上海译文出版社1997年版。

[俄] 列夫·舍斯托夫:《旷野呼告　无根据颂》，方珊等译，上海人民出版社2004年版。

[英] 以赛亚·柏林:《俄国思想家》，彭淮栋译，译林出版社2003年版。

[法] 茱莉亚·克莉斯蒂娃:《恐怖的力量》，彭仁郁译，桂冠出版社2003年版。

[英] 弗朗西斯·马尔赫恩编:《当代马克思主义文学批评》，刘象愚等译，北京大学出版社2002年版。

[英] 大卫·麦克里兰:《意识形态》，孙兆政等译，吉林人民出版社2005年版。

[加] 麦克卢汉:《麦克卢汉精粹》，何道宽译，南京大学出版社2000年版。

[斯洛文尼亚] 斯拉沃热·齐泽克:《意识形态的崇高客体》，季广茂译，中央编译出版社2002年版。

[斯洛文尼亚] 齐泽克、[德] 阿多尔诺等:《图绘意识形态》，方杰译，

南京大学出版社 2002 年版。

[英] 约翰·汤普森:《意识形态与现代文化》,高铦等译,译林出版社 2005 年版。

[澳] 安德鲁·文森特:《现代政治意识形态》,袁久红等译,江苏人民出版社 2005 年版。

[英] 利维斯:《伟大的传统》,袁伟译,生活·读书·新知三联书店 2002 年版。

[美] J. 希利斯·米勒:《重申解构主义》,郭英剑等译,中国社会科学出版社 1998 年版。

[美] 帕森斯:《现代社会的结构与过程》,梁向阳译,光明日报出版社 1988 年版。

[匈] 阿格妮丝·赫勒:《日常生活》,衣俊卿译,重庆出版社 1990 年版。

[法] 阿兰·巴迪欧:《第二哲学宣言》,蓝江译,南京大学出版社 2014 年版。

[美] 阿瑟·伯格:《理解媒介:媒介与文化研究的关键文本》,秦洁译,清华大学出版社 2013 年版。

[法] 埃德加·莫兰:《方法:思想观念》,秦海鹰译,北京大学出版社 2002 年版。

[英] 保罗·鲍曼:《后马克思主义与文化研究》,黄晓武译,江苏人民出版社 2011 年版。

[英] 贝尔西:《批评的实践》,胡亚敏译,中国社会科学出版社 1993 年版。

[美] 布鲁斯·罗宾斯:《知识分子:美学、政治与学术》,王文斌等译,江苏教育出版社 2001 年版。

[英] 戴维·麦克莱伦:《马克思以后的马克思主义》,李智译,东方出版社 1986 年版。

[美] 戴维·斯沃茨:《文化与权力——布尔迪厄的社会学》,陶东风译,上海译文出版社 2006 年版。

[美] 丹尼斯·德沃金:《文化马克思主义在战后英国》,李凤丹译,人民

出版社 2008 年版。

［法］德里达：《马克思的幽灵》，何一译，中国人民大学出版社 1999 年版。

［美］迪克·赫伯狄格：《亚文化：风格的意义》，陆道夫等译，北京大学出版社 2009 年版。

［美］理查德·罗蒂：《偶然性、反讽与团结》，徐文瑞译，商务印书馆 2003 年版。

罗钢、刘象愚编：《文化研究读本》，中国社会科学出版社 2000 年版。

陆梅林编：《西方马克思主义美学文选》，漓江出版社 1988 年版。

王岳川编：《后现代主义文化与美学》，北京大学出版社 1992 年版。

赵长峰：《当代资本主义国家的经济、政治和意识形态》，漓江出版社 1993 年版。

冯俊等：《后现代主义哲学讲演录》，商务印书馆 2003 年版。

段吉方：《意识形态与审美话语》，人民文学出版社 2010 年版。

鲁越等：《马克思晚年的创造性探索——"人类学笔记"研究》，河南人民出版社 1992 年版。

李惠国等编：《重写现代性：当代西方学术话语》，社会科学文献出版社 2001 年版。

李普曼编：《当代美学》，光明日报出版社 1986 年版。

汤龙发：《异化和哲学美学问题——〈巴黎手稿〉新探》，湖南人民出版社 1988 年版。

衣俊卿：《20 世纪的文化批判：西方马克思主义的深层解读》，中央编译出版社 2003 年版。

李建盛：《后现代转向中的美学》，江西教育出版社 2004 年版。

张旭东：《全球化时代的文化认同》，北京大学出版社 2006 年版。

张一兵：《马克思历史辩证法的主体向度》，河南人民出版社 1995 年版。

张一兵：《问题式、症候阅读与意识形态：关于阿尔都塞的一种文本学解读》，中央编译出版社 2003 年版。

张一兵：《西方马克思主义哲学的历史逻辑》，南京大学出版社 2003 年版。

张亮：《阶级、文化与民族传统——爱德华·P. 汤普森的历史唯物主义思想研究》，江苏人民出版社 2008 年版。

付德根等：《20 世纪英国马克思主义文艺理论研究》，北京大学出版社 2012 年版。

王晓路：《西方马克思主义文化批评研究》，北京大学出版社 2012 年版。

张一兵：《西方马克思主义哲学的历史逻辑》，南京大学出版社 2003 年版。

张永清、马元龙：《后马克思主义读本：文学批评》，人民出版社 2011 年版。

张永清等编：《后马克思主义读本——理论批评》，人民出版社 2011 年版。

王岳川、尚水编：《后现代主义文化与美学》，北京大学出版社 1992 年版。

王岳川：《20 世纪西方哲性诗学》，北京大学出版社 1999 年版。

二　中国美学与批评理论研究

朱光潜：《朱光潜美学文集》，上海文艺出版社 1982 年版。

蔡仪等：《马克思哲学美学思想研究》，湖南人民出版社 1983 年版。

李泽厚：《中国现代思想史论》，东方出版社 1987 年版。

李泽厚：《李泽厚哲学美学文选》，湖南人民出版社 1985 年版。

李泽厚：《历史本体论》，生活·读书·新知三联书店 2002 年版。

狄其驄主编：《马克思恩格斯艺术哲学》，山东文艺出版社 1991 年版。

高尔泰：《美是自由的象征》，人民文学出版社 1986 年版。

蒋孔阳：《德国古典美学》，商务印书馆 1980 年版。

蒋孔阳：《美学新论》，人民文学出版社 1993 年版。

蒋孔阳：《美在创造中》，广西师范大学出版社 1997 年版。

钱中文：《新理性精神文学论》，华中师范大学出版社 2000 年版。

钱中文：《文学原理——发展论》，社会科学文献出版社 1989 年版。

王元骧：《文学理论与当今时代 》，浙江大学出版社 2002 年版。

童庆炳：《中国古代文论的现代意义》，北京师范大学出版社 2001 年版。

陆贵山：《中国当代文艺思潮概论》，中国人民大学出版社 1989 年版。

曾繁仁：《中国新时期文艺学史论》，北京大学出版社 2008 年版。

曾繁仁：《20 世纪欧美文学热点问题》，高等教育出版社 2002 年版。

曾繁仁:《生态存在论美学论稿》,吉林人民出版社 2003 年版。

刘纲纪:《传统文化、哲学与美学》,广西师范大学出版社 1997 年版。

叶朗:《中国美学史大纲》,上海人民出版社 2005 年版。

叶朗:《现代美学体系》,北京大学出版社 1988 年版。

聂振斌等:《艺术化生存》,四川人民出版社 1997 年版。

聂振斌等:《思辨的想象——20 世纪中国美学主题史》,云南大学出版社 2003 年版。

吴中杰主编:《中国古代审美文化论》,上海古籍出版社 2000 年版。

杜书瀛、钱竞主编:《中国 20 世纪文艺学学术史》,上海文艺出版社 2001 年版。

章启群:《百年中国美学史略》,北京大学出版社 2005 年版。

赵汀阳:《美学与未来美学:批评与展望》,中国社会科学出版社 1990 年版。

陈望衡:《20 世纪中国美学本体论问题》,湖南教育出版社 2001 年版。

戴阿宝、李世涛:《问题与立场——20 世纪中国美学论争辩》,首都师范大学出版社 2006 年版。

封孝伦:《二十世纪中国美学》,东北师范大学出版社 1997 年版。

蒲震元:《中国艺术意境论》,北京大学出版社 1999 年版。

汝信等:《美学的历史:20 世纪中国美学学术进程》,安徽教育出版社 2000 年版。

党圣元:《在传统与现代之间——古代文论的现代遭际》,山东教育出版社 2009 年版。

蒋述卓等:《二十世纪中国古代文论学术研究史》,北京大学出版社 2005 年版。

韩经太:《中国文学批评史研究》,福建人民出版社 2006 年版。

代迅:《断裂与延续:中国古代文论现代转换的历史回顾》,西南师范大学出版社 2002 年版。

古风:《中国传统文论话语存活论》,社会科学文献出版社 2013 年版。

蒋寅:《中国诗学的思路与实践》,广西师范大学出版社 2001 年版。

蒋寅:《古典诗学的现代诠释》,中华书局 2003 年版。

汪涌豪：《中国文学批评范畴及体系》，复旦大学出版社2007年版。

胡经之、王一岳川主编：《文艺学美学方法论》，北京大学出版社1994年版。

胡经之：《文艺美学》，北京大学出版社1999年版。

李衍柱：《路与灯——文艺学建设问题研究》，北京大学出版社2003年版。

李志宏主编：《文艺意识形态学说论争集》，吉林大学出版社2006年版。

朱立元：《历史与美学之谜的求解》，学林出版社1992年版。

朱立元：《美学与实践》，广西师范大学出版社1996年版。

徐岱：《艺术新概念》，浙江大学出版社2006年版。

徐岱：《基础诗学》，浙江大学出版社2006年版。

徐岱：《批评美学：艺术诠释的逻辑与范式》，学林出版社2003年版。

徐岱：《美学新概念》，学林出版社2001年版。

高建平：《全球化与中国艺术》，山东教育出版社2009年版。

高建平：《全球与地方：比较视野下的美学与艺术》，北京大学出版社2009年版。

高建平、王柯平主编：《美学与文化：东方与西方》，安徽教育出版社2006年版。

高建平：《当代中国文艺理论研究（1949—2009）》，中国社会科学出版社2011年版。

王杰：《审美幻象研究：现代美学导论》，北京大学出版社2012年版。

王杰：《审美幻象与审美人类学》，广西师范大学出版社2002年版。

王杰：《现代审美问题：人类学的反思》，北京大学出版社2013年版。

王杰主编：《马克思主义美学研究》（第1—18辑），中央编译出版社。

王宁：《“后理论时代”的文学与文化研究》，北京大学出版社2009年版。

王宁：《超越后现代主义》，人民文学出版社2002年版。

王宁编：《全球化与文化：西方与中国》，北京大学出版社2002年版。

李春青：《在审美与意识形态之间》，北京大学出版社2006年版。

李春青：《在文本与历史之间——中国古代诗学意义生成模式探微》，北京大学出版社2005年版。

张法：《文艺与中国现代性》，湖北教育出版社2002年版。

张法:《中国美学史》，上海人民出版社 2000 年版。

张法:《中西美学与文化精神》，中国人民大学出版社 2000 年版。

周宪:《审美现代性批判》，商务印书馆 2005 年版。

周宪:《文化现代性与美学问题》，中国人民大学出版社 2005 年版。

周宪主编:《文化现代性精粹读本》，中国人民大学出版社 2006 年版。

周小仪:《唯美主义与消费文化》，北京大学出版社 2002 年版。

王一川:《张艺谋神话的终结》，河南人民出版社 1998 年版。

肖鹰:《形象与生存——审美时代的文化理论》，作家出版社 1996 年版。

段吉方:《理论的再生产：中国马克思主义美学研究的理论、问题与方法》，北京大学出版社 2015 年版。

南帆:《理论的紧张》，生活·读书·新知三联书店 2003 年版。

赖大仁:《文学批评形态论》，作家出版社 2000 年版。

董学文、金永兵等:《中国当代文学理论（1978—2008）》，北京大学出版社 2008 年版。

俞吾金:《意识形态论》，上海人民出版社 1993 年版。

宋惠昌:《当代意识形态研究》，中央党校出版社 1993 年版。

李英明:《文化意识形态的危机》，时报文化出版社 1992 年版。

包亚明:《后现代性与地理学的政治》，上海教育出版社 2001 年版。

陈奇佳、张永清:《左翼立场与悲剧文化》，人民出版社 2014 年版。

陈伟:《中国现代美学思想史纲》，上海人民出版社 1993 年版。

陈炎:《反理性思潮的反思》，山东大学出版社 2004 年版。

陈炎:《积淀与突破》，广西师范大学出版社 1997 年版。

方宁:《批评的力量》，人民出版社、西南师范大学出版社 2009 年版。

冯宪光:《马克思美学的现代阐释》，四川教育出版社 2002 年版。

蒋原伦、潘凯雄:《文学批评与文体》，北京师范大学出版社 2006 年版。

金惠敏:《反形而上学与现代美学精神》，广西教育出版社 1997 年版。

金开诚:《艺术丛谈》，北京出版社 1985 年版。

蒯大申:《朱光潜后期美学思想述论》，上海社会科学院出版社 2001 年版。

李英明:《文化意识形态的危机》，时报文化出版社 1992 年版。

毛峰：《神秘主义诗学》，生活·读书·新知三联书店 1998 年版。
彭修银：《中国当代（1985—2000）前卫艺术家的美学追求》，中国社会科学出版社 2014 年版。
谭好哲：《文艺与意识形态》，山东大学出版社 1997 年版。
陶东风等编：《亚文化读本》，北京大学出版社 2009 年版。
陶东风等主编：《文化研究》，天津社会科学院出版社 2002 年版。
陆扬、王毅选：《大众文化研究》，生活·读书·新知三联书店 2001 年版。
罗岗、顾铮主编：《视觉文化读本》，广西师范大学出版社 2003 年版。
王一川：《意义的瞬间生成》，山东文艺出版社 1988 年版。
王振复：《中国美学的文脉历程》，四川人民出版社 2002 年版。
徐贲：《走向后现代与后殖民》，中国社会科学出版社 1996 年版。
徐碧辉：《实践中的美学——中国现代性启蒙与新世纪的美学建构》，学苑出版社 2005 年版。
徐复观：《中国艺术精神》，华东师范大学出版社 2001 年版。
徐恒醇：《生态美学》，陕西人民教育出版社 2000 年版。
阎国忠：《走出古典：中国当代美学论争述评》，安徽教育出版社 1996 年版。
杨春时：《生存与超越》，广西师范大学出版社 1998 年版。
杨卫：《中国当代艺术生态》，天津大学出版社 2008 年版。
姚文放：《当代审美文化批判》，山东文艺出版社 1999 年版。
张辉：《审美现代性批判》，北京大学出版社 1999 年版。
张颐武：《全球化与中国电影的转型》，中国人民大学出版社 2006 年版。
周均平：《美学探索》，山东文艺出版社 2003 年版。
邹华：《和谐与崇高的历史转换》，敦煌文艺出版社 1992 年版。
王斑：《历史的崇高形象：二十世纪中国的美学与政治》，生活·读书·新知三联书店 2008 年版。
陈建华：《“革命”的现代性——中国革命话语考论》，上海古籍出版社 2000 年版。

后　记

2016年的寒假刚刚开始，一场小小的雪让身处广州的同仁、朋友们非常激动。早在几天前，大雪纷飞的消息已经弥漫各种类型的微信朋友圈，今天还真见到了天空中不时飘下的几朵雪花。据说，这是广州自有气象记录以来的第九次下雪，尽管不是很大很密，尽管雪落到草地上还没来得及让人一睹芳容便迅速融化成小小的冰点儿，但也的确是难得一遇了。但对于我这个北方人而言，雪早已习以为常了。每年春节回老家过年，都会下雪的，总感觉哪一年不下雪，没有领略北风呼啸雪花飘洒就没有年味儿似的。所以，不知不觉又想起了北风飘雪的味道，年也近了。

又一年过去了。单位里的年终盘点刚刚结束，在广州最冷的寒假模式开启之际，我来为自己的这部小书再来盘点一二吧，也算是对过去的2015年工作的最终总结。

这本小书的写作源自我几年前从事的一个省级课题，当时的设想是对文化转型语境中的中国当代美学研究作出一番思考，所以当初在设计研究计划时用了一个带有明显宏大叙事意味的“中国当代美学话语”的概念。但随着后来的研究推进，我发现自己慢慢陷入一个巨大的理论和现实的矛盾旋涡之中，一方面中国当代美学与艺术现象纷繁复杂，难以真正从美学理论的层面上梳理清楚；另一方面，所谓“中国当代美学话语”范围何其广泛，无论是内涵还是其意义指涉，在学理上予以概括和研究都是难度很大的工作。曾经有很长的一段时间，我在这方面的研究找不到方向，甚至不知究竟该如何去完成这个课题的研究。好在能有一个相对较长的时间慢慢梳理，逐渐找到了切入点，才使研究工作得以顺利推进。其实，这个切入点也不难发现，这正是当代美学正在进行的文化、审美与生活诗学的同一性研究方向，是那种审美理论与批评实践相结合的研究路径。只是由于很长的一段时间，我陷入美学的理论纠葛以及中国当代美学思潮各种论争的文献资料之中，难以找到合适的理论研究的入口。

在这部小书中，我试图从审美文化视野与批评重构的角度对中国当代美学的话语转型问题提出自己的反思，问题所指正是上文所说的中国当代美学研究中理论与实践的相遇与冲突问题。可以说，这也是中国当代美学与文学理论研究中最迫切需要解决的问题，更是美学与文学理论研究的瓶颈问题。自 20 世纪 80 年代开始，随着中国当代新的文化语境的开启，美学研究的理论格局与话语方式其实都发生了很大的变化，审美文化研究热潮、“文化研究”热、后现代主义与消费文化、反本质主义与日常生活审美化、中国古代文论的现代转换以及马克思主义批评的理论重建，等等，既是一定语境中的美学问题，同时也是在语境与问题的同构中发生的，这些美学理论思潮共同引发了中国当代美学话语转型的过程，构成了中国当代美学话语转型的问题域。在具体的研究中，我试图从美学理论与批评实践相互生发的路径，对这些美学理论思潮做出整体分析阐释与批判反思，既探讨“怎么来的”“说了什么”，更着眼于当代美学具体批评实践方面的回应，试图解答中国当代美学话语的转型是如何在理论层面上发生与展现的，美学理论层面上的话语转型又如何促使文化语境发生变革的。我知道，以我自己的功力和学养，还远未具备系统呼应、回答这样一些美学与文学研究根本问题的能力，但我试图对类似的美学理论与文学理论元问题做出自己的思考，所以先按着这个思路写了若干文章，并得到了很多前辈学者与同行朋友的奖掖与支持。今天将之编撰结集成书，除了心中存有的不尽感激与敬意之外，更明白很多问题仍然没有完全展开和深化，仍需在理论批判上再下一番功夫，这些遗憾只有在日后的研究中努力补拙了。

中国当代美学话语转型的问题的确有太多需要深入思考的东西，包括曾经的理论热点和争论的焦点，或许在今天对很多问题的盖棺定论为时尚早，但适时的理论反思仍然是必要的。我相信，在以后的研究中，一定会有更优秀的成果给我们提供无尽的启发。

在从事这本小书的写作过程中，时常让我感慨光阴飞逝，理论热潮流年更迭之迅速。文中论及的很多理论问题都是在那个风起云涌的“理论的80年代”提出并引发讨论的，很多讨论一直贯穿下来，甚至到了21世纪还在延续，也就是说，“理论年代”的背影依然影影绰绰地存在，这也构成了中国当代美学话语转型的一个重要的思想吊诡之处，理论的高峰虽然渐渐远去，但影响的焦虑与张力仍然存在。正是在这个意义上，“何为当代”“谁的当代”，这样的问题才更加复杂了。

理论的言说无穷无尽，生活的诗学日日精彩。正像无论世纪寒潮多么凶猛也挡不住人们的激动与热情一样，无论多么高深莫测的理论，在生活诗学面前最终都要缴械投降。所以，还是让我们尽量平和地对待它吧。

段吉方

2016年1月24日于广州